JN312976

彗星探検
The GREAT COMETS SHOW

国立天文台・准教授
縣 秀彦

二見書房

パンスターズ彗星（2013年 ホーエンツォレルン城）©Stefan Seip

1997 Comet Hale-Bopp

南天の天の川にかかるラヴジョイ彗星

はじめに

　彗星は「天からの文(ふみ)」である。天文学は音楽や算術・幾何と並んで五千年以上の歴史を持つもっとも古い学問といわれている。星の動きを知り星の位置を測ることは、暦を作ったり時刻や方位を知るなど実学として文明の発祥とともに必要だった。

　そのいっぽう、宇宙そのものが人びとの信仰の対象だったことも天文学の発展と深く関係している。そして、誰でもが星空をながめると「私は誰？　ここはどこ？」、または「宇宙において私たち人類は孤独な存在なのか？」などと自問自答したくなる。

　人は大彗星の出現や流星雨のような突然の天文現象に驚き、それを「天からの文」として読み解こうとしてきた。自然現象、天文現象の理解、解明こそが科学の発展を推進してきたのだ。

　本書では、古今東西の記録に残されている彗星を描いた絵や図版、写真を年代順に、2013年に観測されたアイソン彗星（C/2011 L4）まで並べてみた。それぞれの時代において彗星が人びとの話題と関心を集めてきたことのみならず、一つ一つの彗星に「物語」があることに気づかされる。天空に雄大な尾を描き、太陽系の遙かかなたに去っていく彗星たち。

　さあ、彗星と人類の関わりを繙(ひもと)いていくことにしよう。

★彗星の名前の付け方

　太陽系には数多くの彗星が存在する。直径数キロメートルから数十キロメートルのサイズの氷のかたまりである彗星は、太陽に近づくと熱せられて氷が融けてガスやダストを放出し、コマや尾を形成する。1997年に太陽に近づき、都心でも肉眼でその姿を見ることが出来た20世紀を代表する大彗星ヘール・ボップ彗星（C/1995 O1）や、その前年に出現した百武彗星（C/1996 B2）、または、2007年初頭に南半球で雄大な尾を観察できたマックノート彗星（C/2006 P1）などが有名だ。

　軌道を決めることに貢献した人物の名前を冠した4つの彗星すなわち、ハレー彗星（1P/Halley）、エンケ彗星（2P/Encke）、クロンメリン彗星（27P/Crommelin）、そしてレクセル彗星（D/1770 L1）の4彗星以外の名前の付いた彗星は、発見した人または団体の名前が付けられている。

　彗星をはじめ太陽系天体の名簿を管理している国際天文学連合（IAU）小惑星センター宛の通報が受理されるまでに発見を届け出た発見時刻順に3名までの名前が付くルールだ。このため、天体に自分の名前を残したいというアマチュア天文家によって、彗星の多くが発見されてきた。彗星は数多い天体の中でも、古今東西、もっとも注目される天体といってもいいだろう。

日光・中禅寺湖の上にたなびくヘール・ボップ彗星（1997年）

日本のコメットハンターが発見した百武彗星（1996年）　　　石垣島天文台で捉えたパンスターズ彗星（2013年）

★彗星符号の意味は？

　彗星には基本的には発見者の名前が付けらる。しかし、発見者が個人であれ観測グループまたは天体観測衛星の場合であれ、同じ個人やグループがいくつもの彗星を発見することがあり得る。

　そこで彗星を一つ一つ区別できるように、IAUは彗星に符号を付けてカタログ化しているが、その符号の意味について説明しておこう。

　まず、先頭にC/もしくはP/という符号が付けられているが、C/は彗星として発見されたことを意味する。ただし、この彗星が周期彗星として確認されるとP/と表示される。つまり、C/は非周期彗星、P/は周期彗星という意味である。

　なお、周期彗星が予定通りに戻ってこなかったため見失ってしまった彗星や、太陽や惑星などに衝突して消滅してしまった彗星にはD/という記号が付く。

　さらに、発見された年号と、発見時期を表すアルファベット、そしてそのアルファベット時期の何番目に発見されたかを表す数字が付けられる。このアルファベットは、1と間違えやすい「I」、2と間違えやすい「Z」を除いたA～Yの24個のアルファベットで示される。1月前半（世界時UTで1月1日～15日）に発見されるとA、1月後半（同じく1月16日～31日）だとB、2月前半はCというように順番に記号がふられ、12月前半がX、12月後半がYとなる。

　例えば、ハワイのパンスターズ・プロジェクトはいままで複数の彗星を発見しているが、2013年3月に太陽に近づいた「パンスターズ彗星」の場合は、「C/2011 L4 (PANSTARRS)」と表記する。これは「2011年6月前半の時期に発見された4番目の彗星」という意味で、一度太陽に接近したら戻ってこない彗星であるためC/が先頭に付けられている。この符号の後にカッコ書きで、「PANSTARRS」という発見者（観測プロジェクト）の名前を表記する場合もある。

★彗星の２つの尾

　彗星は「汚れた雪玉」。その主成分は揮発性の氷だが、内部には塵粒（ダスト）が含まれている。何回か太陽に近づき表面をあぶられた彗星は、その表面がまるで小惑星のようにすすけて黒ずんでいる。
　彗星が太陽に近づくと、太陽からのエネルギーで雪玉の表面が融けて氷が蒸発し始める。すると、次第に彗星本体（核）が「コマ」と呼ばれるボウっとしたガスに包まれた状態となる。
　さらに、核から放出されコマを形成したガスが、さらに太陽のエネルギーを受けるとイオン化（プラズマ化）し、青白いイオンの尾（イオンテイルまたはプラズマテイル）となる。いっぽう、塵粒も次第にコマから離れ、こちらは白く見える塵の尾（ダストテイル）を形成する。このダストが流れ星の元となるのだ。
　彗星ほど気まぐれで個性豊かな天体は珍しい。本体（核）の大きさは直径数キロメートルから十数キロメートル程度の極めて小型の天体ながら、太陽に近づいてみないと、どのくらい明るくなるのか、どのくらい尾が伸びるかが分からない。その軌道がバラバラなことと、表面のようすや組成が彗星ごとに異なるのが、気まぐれに振る舞うように感じてしまう原因だろう。

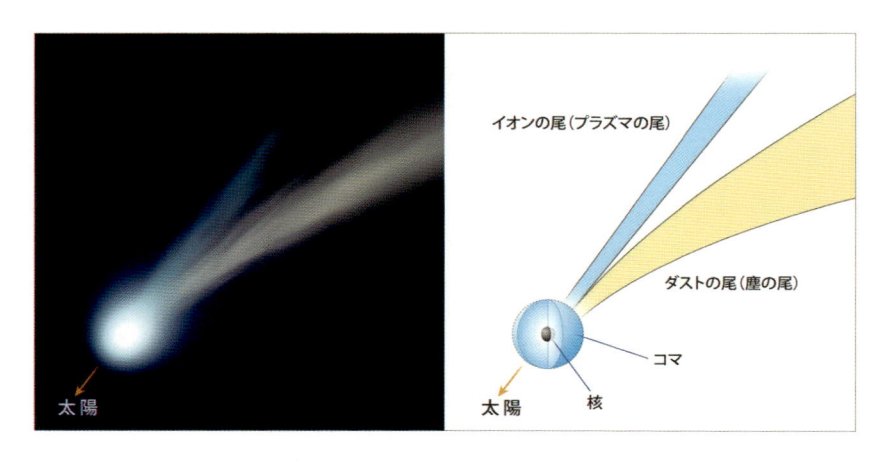

　「イオンテイル」は太陽からの太陽風（磁場を伴った陽子や電子などの荷電粒子の流れ）によって吹き流されるので、太陽の反対側にまっすぐに伸びるのが特徴だ。太陽に近づくと尾が発達し、火星軌道の外側までイオンテイルが伸びた彗星もある。
　いっぽう、「ダストテイル」は太陽からの放射圧（光圧）によって塵粒の一つ一つが彗星コマから離れていく。ダストの放出時刻とダストの大きさによってそれぞれのつぶつぶが違った軌道を描くため、ときには扇型に広く拡がるのが特徴だ。また、地球と彗星の位置関係によっては、まるで彗星に角が生えたように、尾の反対側に塵の尾が見える場合もある。これは「アンチテイル」と呼ばれている。

★彗星の運動の仕方

　彗星は惑星や準惑星、小惑星と同じく太陽の周りを公転している太陽系内天体だ。しかし、彗星の通り道（公転軌道）は細長い楕円のものが多く、なかには放物線や双曲線軌道を描くものもある。放物線や双曲線の軌道の彗星は、太陽に一度近づくとあとは二度と戻ってこない。しかし、とても周期の長い楕円軌道と放物線、双曲線の軌道の区別は難しいのが実情だ。楕円軌道をもつ彗星のうち、公転周期が200年以内のものを短周期彗星、200年よりも長いものを長周期彗星と呼ぶ。短周期彗星の大部分は、ほぼ惑星と同じ面に沿って公転しているのに対し、長周期彗星の軌道や放物線と双曲線の軌道をとる彗星はその面とは無関係で、ありとあらゆる方向から太陽に近づいてくる。そこで、オールトの雲の存在が予想されることとなった。

　太陽を公転する天体はすべて、いまから400年ほど前にドイツの天文学者、ヨハネス・ケプラーが発見した、ケプラーの法則に従って運動している。その第2法則は面積速度一定の法則とも呼ばれ、「彗星と太陽とを結ぶ線分が単位時間に描く面積は一定となる」というルールだ。このため、彗星は太陽に近づくと素早く公転し、太陽から離れるに従い、ゆっくりと移動することになる。彗星が太陽に近づき尾を引く姿が短い期間しか楽しめないのはこの運動の特徴のためだ。

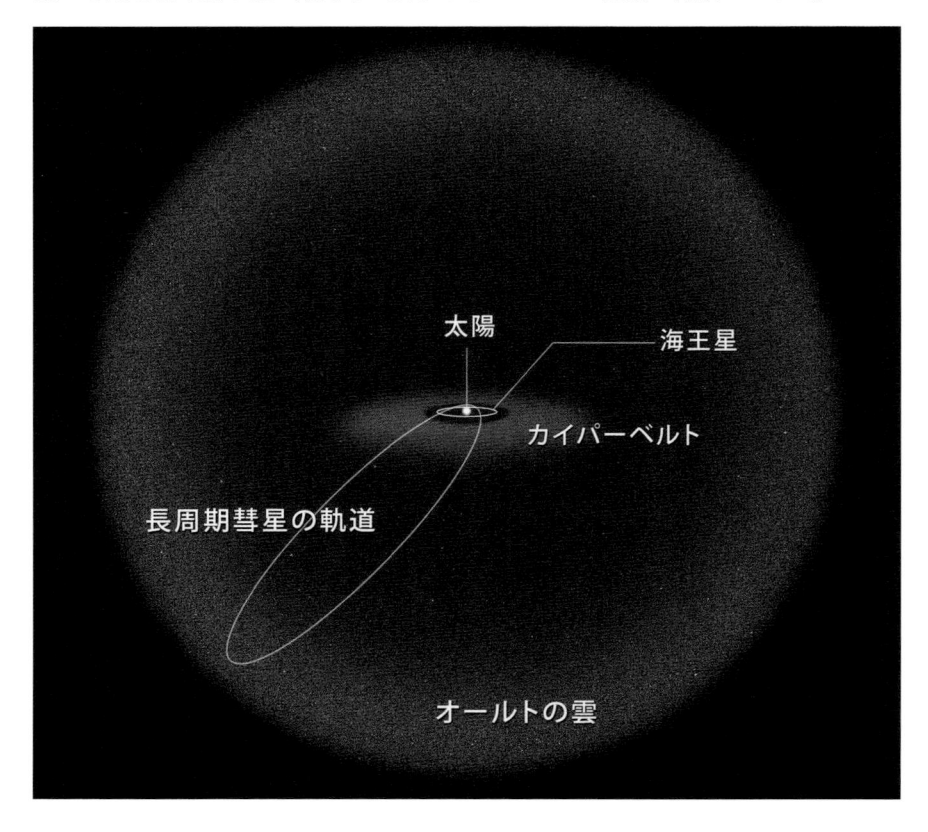

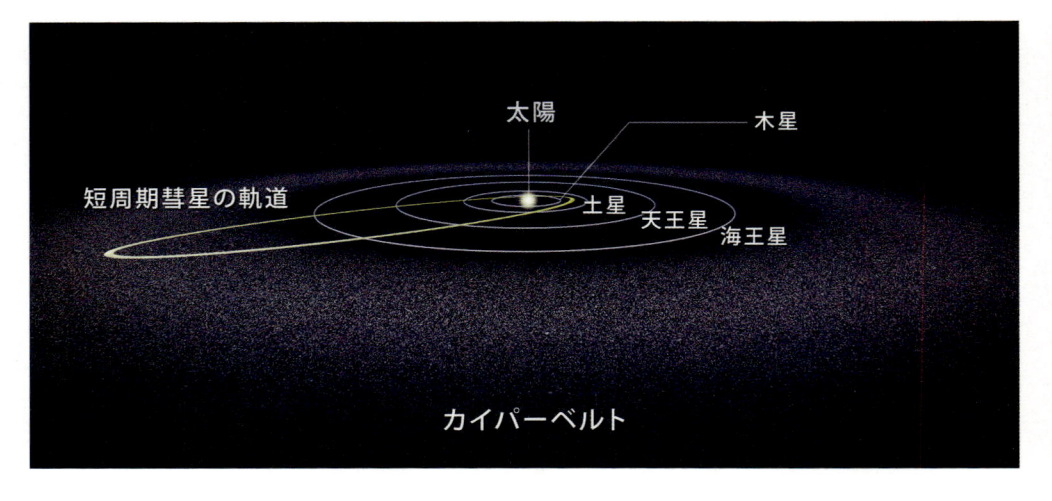

図中ラベル: 太陽、木星、土星、天王星、海王星、短周期彗星の軌道、カイパーベルト

★彗星のふるさと「オールト雲」

　宇宙のはるか彼方から飛来するイメージが強い彗星だが、実際には、どこからやってくるのだろう？

　今から46億年前、天の川銀河（銀河系）の渦巻きの腕の一つ「オリオンアーム」内のとある星雲で私たちの住む太陽系が誕生した。星雲とは水素とヘリウムを主成分とするガスの巨大な塊りであるが、二酸化炭素、水、メタンそしてアンモニアなどの揮発成分と、炭素やケイ素の塵粒も僅かながら含まれている。重力の作用によって、星雲のごく一部が太陽系として集まっていく。この時、中心に出来た太陽にその集まった物質のほとんどが飲み込まれてしまうが、ごく一部のガスと塵が太陽の周りに円盤を形成する。これが原始太陽系円盤（原始惑星系円盤）だ。円盤のなかで小さな塵が衝突・合体して成長し、次第に直径10km程度の微惑星に成長する。微惑星がさらに成長したのが、水・金・地・火・木・土・天・海の8つの惑星と、その周りを回る衛星たち、そして主に火星と木星の間にある岩石の塊＝小惑星たちや海王星の外側にある冥王星などの氷の塊＝太陽系外縁天体たちだ。

　それに対して、太陽の周りをまわりながらも太陽に近づくことなく、原始太陽系の時代の化石とも呼べる天体たちが存在する。その天体の居場所がオールト雲だ。そしてオールト雲から飛来する天体こそが彗星なのだ。

　オールト雲は、1930年にオランダの天文学者ヤン・オールトが予言した領域で、太陽-地球間の距離の1万倍程度のところに太陽系を取り囲むように球殻状に存在すると考えられている。もっとも遠ざかる楕円軌道の彗星の軌道を調べると、みな、このオールト雲の領域から太陽に向かってやってくることが分かったのだ。彗星のふるさと、オールト雲はまだ誰も見たことがない。遠い将来、人類が太陽系の果て＝オールト雲を訪ねる日がきっとくるに違いない。

〔彗星の軌道の形を決める6要素〕

　彗星は天空上で、いつ、どの方向に見えるのか？　彗星のような太陽系内天体の軌道運動はニュートン力学に作用されるため、主に太陽からの距離によってその位置を推算をすることができる。この位置推算に必要な数値のことを「軌道要素」という。下の6つの軌道要素が決まれば、彗星の軌道の形や大きさが判明する。

●昇交点黄経（Ω）：彗星が黄道面（地球が太陽を回っている面）を天球の南から北に横切る点を昇交点と呼ぶ。昇交点黄経は、昇交点の位置を春分点の方向から黄道上で反時計回りに測った角度。

●軌道傾斜角（i）：黄道面に対しての彗星の軌道面の傾き。地球と同じ向きに彗星が公転している場合（順行彗星）は0°〜90°、逆行彗星の場合は90°〜180°。

●離心率（e）：軌道の形を決める数値。$e=0$が円軌道、$0<e<1$で楕円軌道、$e=1$が放物線、$1<e$は双曲線軌道となる。

●軌道長半径（a）：円軌道の場合は円の半径、楕円軌道の場合は長径（近日点距離と遠日点距離を足して2で割る）の値。天文単位（au）で表す。

●近日点距離（q）：太陽に最も近い点（近日点）と太陽との間の距離（au）。

●近日点引数（ω）：昇交点から近日点までの角度。彗星の軌道面上を彗星の運動方向に測る。

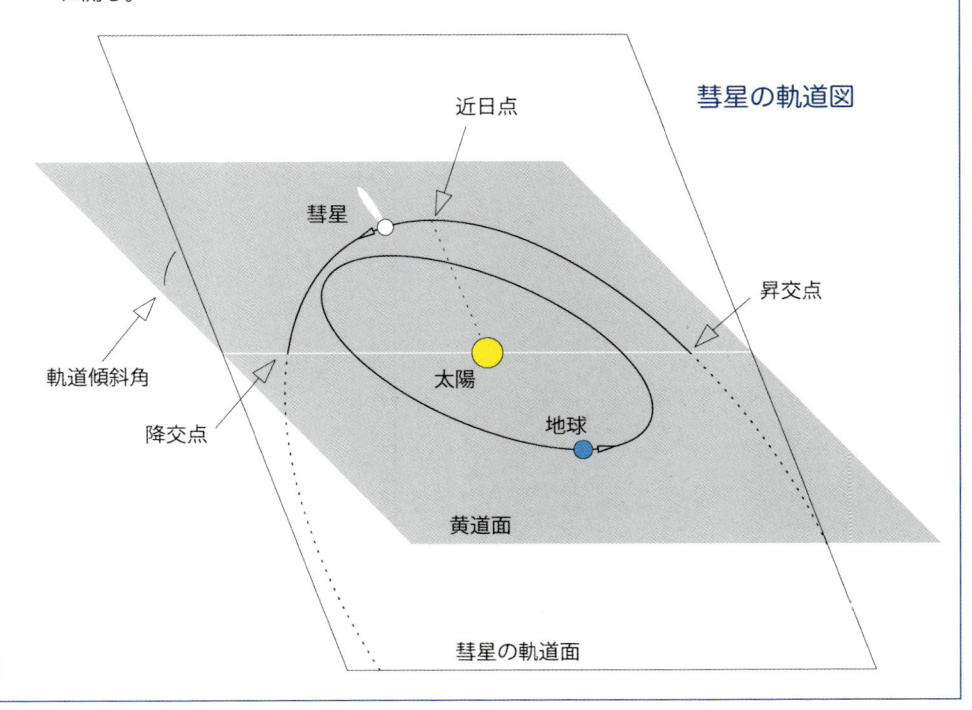

彗星の軌道図

★小惑星や隕石との違いは？

　2013年2月にロシア・ウラル地方に落下した隕石。これは、小惑星が起源の隕石で大きさは、直径17m、質量は10トン程度と推定されている。この隕石の落下速度は秒速15km程度で、地上に達する前に分裂・爆破している。隕石には石質隕石や隕鉄などがあるが、基本、小惑星は岩石のかたまりと考えてよい。

　いっぽう、彗星は氷のかたまりである。太陽系小天体とどちらも呼ばれるものの、その起源や育ちには違いがある。なお、短周期の彗星が干からびて小惑星と同じに見える物もある。彗星は直径が数キロから数十キロのサイズなのに対し、小惑星は直径950kmの大型のものも存在している。

小惑星探査機「はやぶさ」が撮影した小惑星「イトカワ」。イトカワの直径は540m程度。地球のごく近くで太陽を公転する小天体

★彗星の地球への衝突

　直径数メートル程度の小型の彗星や小惑星でも、地球に落下すると甚大な被害が生じる可能性がある。6500万年前の恐竜の絶滅も直径10km程度の小惑星か彗星の衝突と考えられている。小惑星の衝突した跡、すなわちクレーターは世界各地に残っている。なかでも米国アリゾナのバリンジャー隕石孔は有名で、直径1.2kmのクレーターがおよそ5万年前に落下した直径30m程度の隕石によって形成された。

　いっぽう、彗星が地球に衝突した可能性が指摘されているのが、ロシアのツングースカ地方で1908年6月30日に起きた空中での爆発現象だ。このとき強烈な空振が発生し、半径約30kmにわたって森林が炎上。約2000平方キロメートルの範囲の樹木がなぎ倒された。破壊力はTNT火薬にして10-15メガトン。彗星ではないかと考えられる天体のサイズは数～数十メートル程度だったのではないかと推定されている。

★彗星と流星

「流星」とは彗星からまき散らされたダストが地球大気に突入して、大気を光らせる現象である。彗星がその軌道上にまき散らしたダストのうち、大きめのダストが集まっているところをダストトレイルという。ダストトレイルと地球の軌道とが交わっていると、そこを公転運動によって地球が通過するときに、流星群となって地球大気が発光する様子を見ることができる。

例えば、毎年8月12〜13日に極大を迎える夏の風物詩「ペルセウス座流星群」は、スイフト・タットル彗星（109P）が太陽の周りを回る公転軌道と、地球の公転軌道が交差しているため、地球がその交差点付近を通過する8月の中旬に、スイフト・タットル彗星から過去に放出されたダストが地球の大気に飛び込んで流星となる現象だ。同様に、5月の「みずがめ座群」と10月の「オリオン座群」はハレー彗星（1P）が起源となるダストが流星として発光する現象だ。

いっぽう、およそ33年毎に大出現する「しし座流星群」はテンペル・タットル彗星（55P）がダストの起源だが、地球がダストトレイルに遭遇するかしないかが毎年異なるため、流星の出現数が年によって極端に違うのである。一般的に、毎年安定して流れる流星群は起源が古く、不安定な流星群は起源となる彗星の出現が比較的新しいものと考えられている。

2001年のしし座流星群（提供：佐藤幹哉）

毎年見られる主な流星群の出現日

流星群名	出現期間	極大	母天体	出現数
しぶんぎ座	1/2-5	1/3-4	───	★★★
4月こと座	4/20-23	4/21-23	1861 I	★★
みずがめ座η	5/3-10	5/4-5	ハレー	★★★
みずがめ座δ南	7/27-8/1	7/28-29	───	★★
やぎ座α	7/25-8/10	8/1-2	───	★
ペルセウス座	8/7-15	8/12-13	スイフト・タットル	★★★★
はくちょう座κ	8/10-31	8/19-20	───	★
オリオン座	10/18-23	10/21-23	ハレー	★★
おうし座南	10/23-11/20	11/4-7	エンケ	★★
おうし座北	10/23-11/20	11/4-7	エンケ	★★
ふたご座	12/11-16	12/12-14	ファエトン	★★★★
こぐま座	12/21-23	12/22-23	タットル	★

CONTENTS : The GREAT COMET

世界最古の彗星図　p18
684年のハレー彗星　p20
1066年のハレー彗星　p21
1301年のハレー彗星　p22
1456年のハレー彗星　p23
1577年の大彗星　p24
1663年の大彗星　p25
1664年の大彗星　p26
キルヒの大彗星　p27
クリンケンベルグ彗星　p28
フラウゲルグス彗星　p32
トラレス彗星　p34
北斎が描いた「ほうき星」　p36
1843年の大彗星　p38
ブローセン彗星　p43
ドナティ彗星　p44
テバット彗星　p50
コジア彗星　p51
1882年の大彗星　p52
モアハウス彗星　p56
1910年の大彗星　p57
1910年のハレー彗星　p58
ブルックス彗星　p64
アラン・ローラン彗星　p65
池谷・関彗星　p66
ベネット彗星　p72
コホーテク彗星　p74
ウェスト彗星　p75
アイラス・荒貴・オルコック彗星　p77
1986年のハレー彗星　p78
ブラッドフィールド彗星　p84
スウィフト・タットル彗星　p85
シューメーカー・レビー第9彗星　p86
百武彗星　p88
ヘール・ボップ彗星　p96
ニート彗星　p104
ブラッドフィールド彗星　p105
ヴィルト第2彗星　p106
マックホルツ彗星　p107
テンペル第1彗星　p108
マックノート彗星　p110
ホームズ彗星　p116
マックノート彗星　p118
ハートレイ彗星　p120
ファン・ネス彗星　p121
ラヴジョイ彗星　p122
パンスターズ彗星　p128
アイソン彗星　p138

人類が遭遇した大彗星

1858年のドナティ彗星

　有史以来、世界中で観測されてきた大彗星たち。その神秘に満ちた天空の現象を、人は何を思い絵に描き、またカメラに収めてきたのだろうか。人びとの記憶に残る41個の彗星について、計140余点のイラストと写真で振り返ってみよう。

　有史以来、人類が目撃した彗星数は1400個を超えている。さらに周期彗星の回帰を含めると、年間数十個の彗星を観測することが可能だ。しかし、その多くの彗星は淡く微小なコマしか見えないため、大型望遠鏡を有する専門家でないと観測できない。

　誰でもがその尾を引く姿を目撃できる「大彗星」は、一世紀中に数回程度しか現れない貴重な天文現象なのだ。さらに、彗星は素早く太陽から遠ざかっていくので人目を引く大彗星であっても目撃できる日数は限られている。

　たった数晩、地球の限られた場所でしか見ることが出来なかった大彗星の記録もある。そんな貴重な記録をここでは時系列に並べてみた。人類が彗星の本性を解き明かしていった足取りをたどり、未知なる宇宙の謎を探ってみることにしよう。

世界最古の彗星図
紀元前 100 年頃・中国

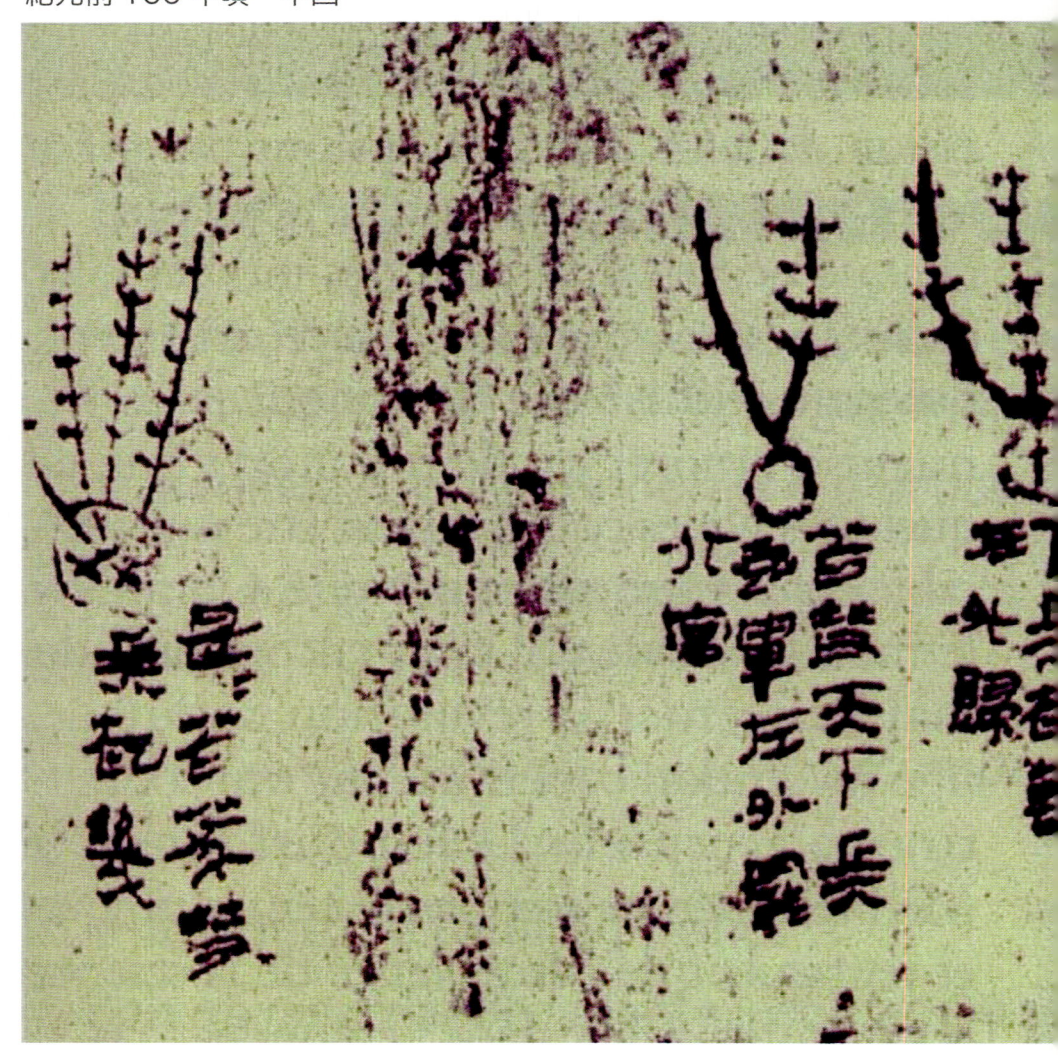

　　馬王堆古墳3号墓から、布に描かれた数多くの彗星スケッチが見つかった。上図はその一部。当時、中国でこのように彗星を丁寧に観察し記録に残したのは、帝は天から遣わされているという思想に基づき、一つ一つの彗星の出現星座、明るさ、尾の形状等が、占星術として国の運命を占ううえで重要だったからである。

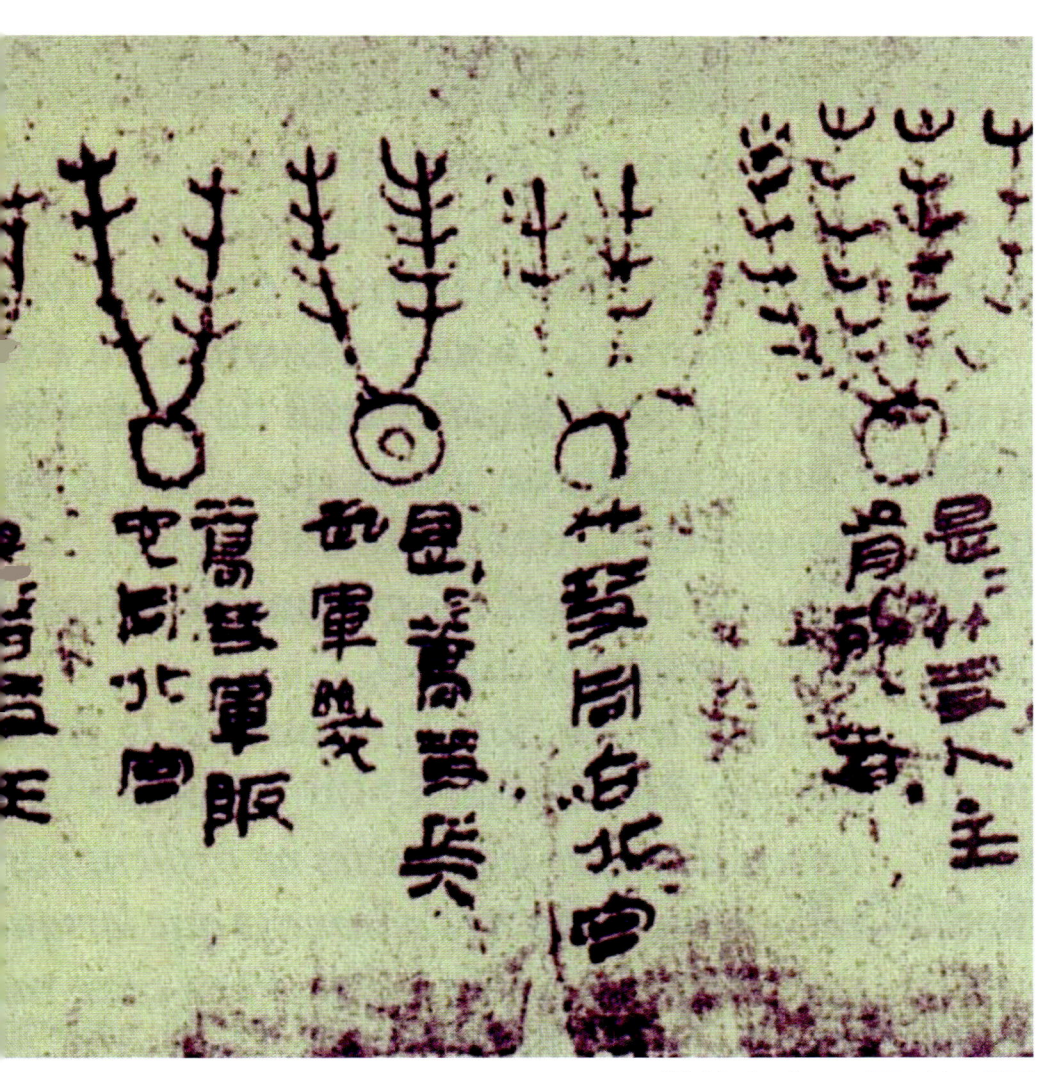

前漢時代(紀元前206〜紀元8年)の彗星図。1973年湖南省長沙馬王堆墓出土品。彗星の尾の構造がやや誇張して描かれているが、尾が複数あることや尾の中に構造が見られるなど、彗星の個性に注目して観測していたことが判る

684年のハレー彗星
ドイツの「ニュルンベルク年代記」の木版画

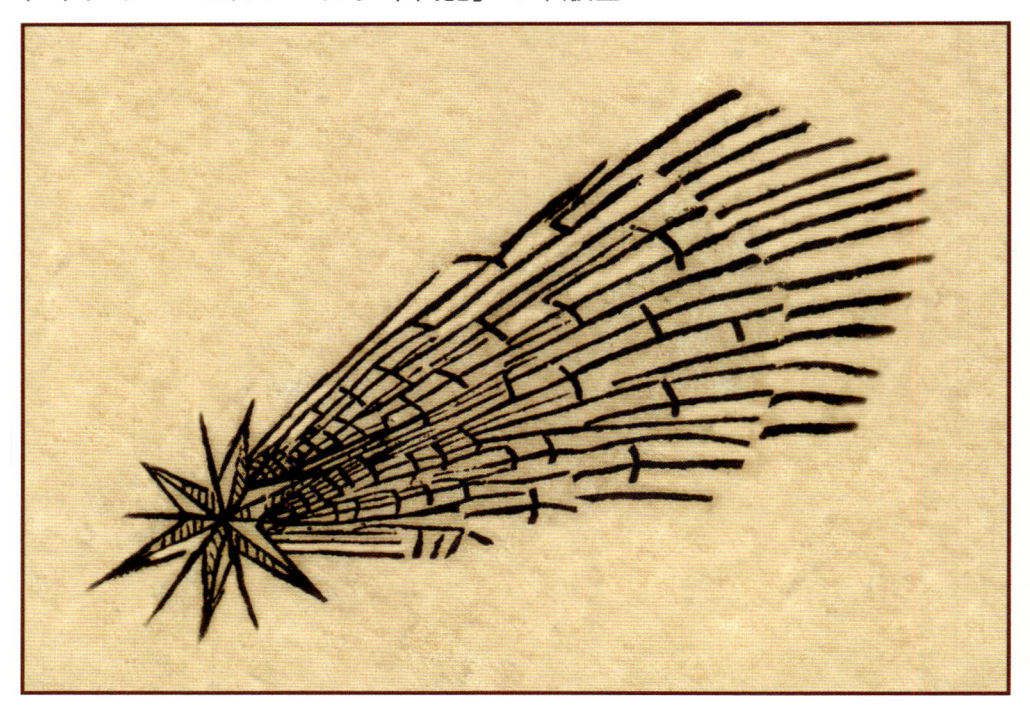

　　ヨーロッパで記録されたもっとも古いハレー彗星の図。ドイツの医者・人文学者のハルトマン・シェーデル (Hartmann Schedel) が記した「ニュルンベルク年代記」の西暦684年のページに木版刷りで描かれたもの。
　　この本には、この彗星が現れた年には、「大雨が降り、雷と稲妻が3か月も続いた。その期間、多くの人びとや羊の群れが死に、畑の作物は枯れしぼんだ。さらに、日食と月食が引き続き起こり人々が不安と恐怖を感じた」旨の記述があり、彗星の出現がさまざまな災難を引き起こしている、と当時のドイツの人びとが考えていたことが分かる。
　　なお、日本では天武天皇の時代にあたり、わが国にもこの時のハレー彗星の出現記録が最古のものとして残っている。

1066年のハレー彗星
フランス、バイユーのタペストリー

　北フランス、バイユー市の公会堂に保存されている全長70m、幅50cmの刺繍の絵巻の一部（中央上部）に、ハレー彗星の出現におののくハロルドⅡ世と市民の様子が描かれている。

　このタペストリーは、イギリスのハロルドⅡを滅ぼしたノルマンディー公ウィリアムⅠ世の妃マチルダが描かせたもの。ハレー彗星の出現はハロルド王にとっては凶事の前兆であり、一方、ノルマンディーにとっては勝利を導く吉星であった。

1301年のハレー彗星
イタリア、ジオット・ディ・ボンドーネ画『東方三博士の礼拝』

　　1301年に回帰したハレー彗星は70度以上の尾を示す雄大な姿であった。フィレンチェの高名な画家ジオットの『東方三博士の礼拝』（1305年頃の作品、パドヴァのスクロヴェーニ礼拝堂）に馬小屋の上にベツレヘムの星として描かれているのは、この時のハレー彗星を写実的に描いたものではないかと推察されている。

1456年のハレー彗星
ローマ法王から"破門"された彗星

　ハレー彗星は回帰のたびに人びとに注目されている。75〜76年周期のサイクルでは、歴史上の有名な出来事と回帰がたまたま一致することも多かった。
　1453年、コンスタンチノーブル（現在のイスタンブール）はオスマントルコに陥落し、東ローマ帝国は滅びた。
　しかし、ローマ法王カリスウトスIII世はこれに対抗し、キリスト教国の統一と団結に力を注ぎ、1456年ようやくトルコ軍を撃退した。このときローマ法王は勝利を祈願して民衆に神に祈りをささげるよう命じた。
　折しも、天空にはハレー彗星が長大な尾をたなびかせていた。コンスタンチノーブルの民衆たちは法王の命により、一心に、「神よ、悪魔とトルコと彗星から我らを守りたまえ」と祈った。このため後世、カリスウトスIII世は、彗星に破門を宣告した法王と呼ばれることになった。

1577年の大彗星
(C/1577 V1)

　1577年の大彗星は地球に接近した彗星で、ヨーロッパじゅうで記録が残っている。デンマークの著名な天文学者ティコ・ブラーエによって観測され、初めて彗星が地球の大気圏外の現象であることが明らかになった。
　古代ギリシャの哲学者アリストテレスは、「彗星は地球大気中の現象である」と説いていた。しかしティコは地球上の離れた2点からこの彗星のコマの位置を正確に測定し、2点間の視差を用いることで、月よりも遠方に彗星があることを突き止めたのだ。

1577年11月12日、プラハで描かれた彗星の様子（版画）

1663年の大彗星

1663年に目撃された彗星を描いたドイツの版画である。
絵の下の解説文は古いドイツ語でこう記されている。
「……この不気味なグレーの彗星はオーストリアとクロアチアで1月2日から12日までの10日間見られた」と場所と日付けを記したあとに、「……この恩恵により、まばたきする一瞬に神はキリストを受け入れる」と書き添えてある。
ヨーロッパでは彗星は神の啓示とみなされることが多かった。

1664年の大彗星

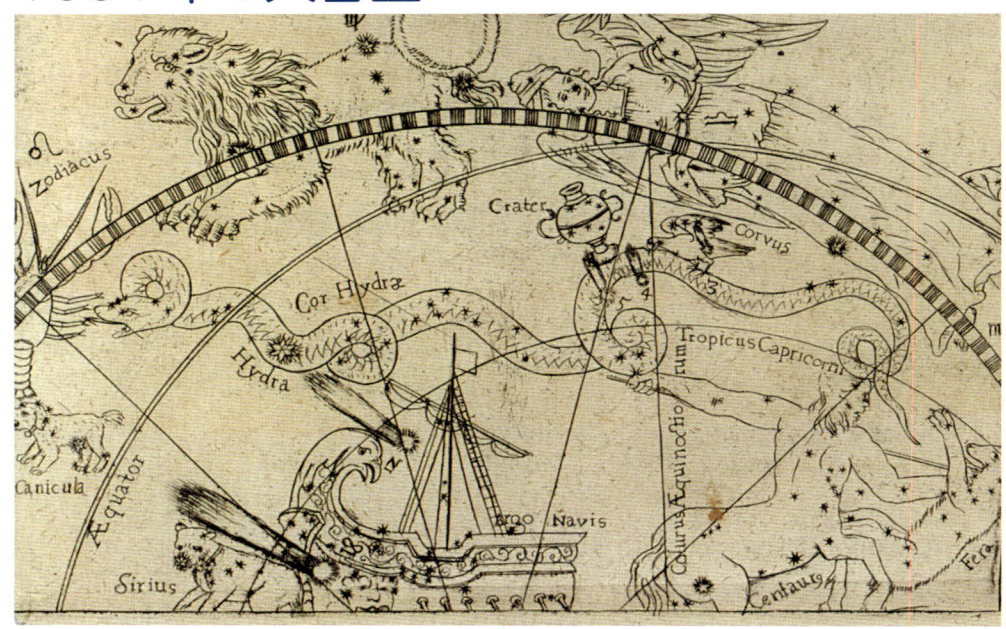

17世紀にドイツで描かれた星図。春の星座の中を1664年の大彗星が、12月14日から24日までの間、毎晩移動していく様子が描かれている

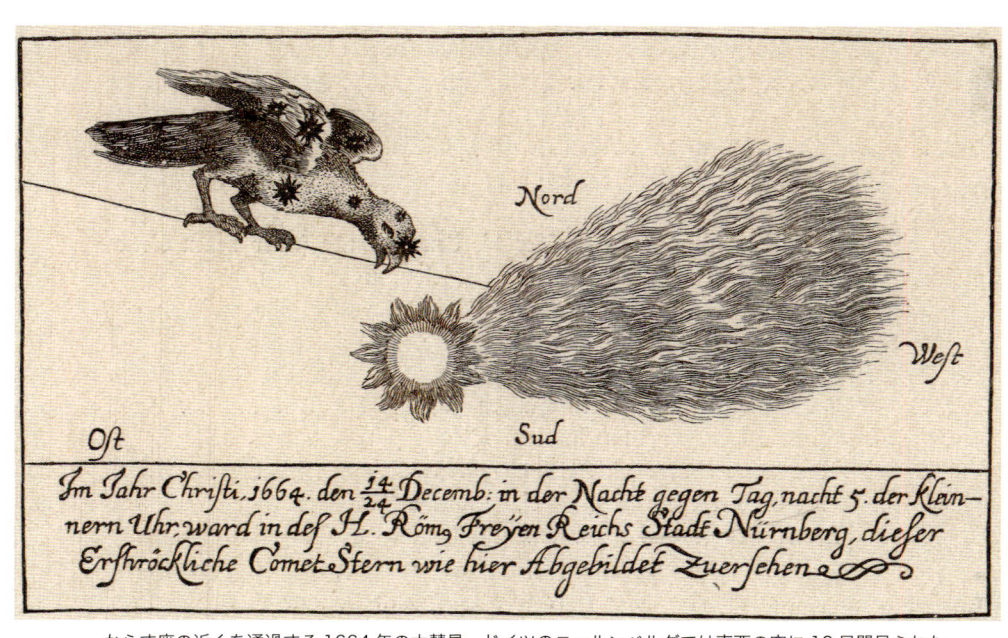

からす座の近くを通過する1664年の大彗星。ドイツのニュルンベルグでは南西の空に10日間見られた

キルヒの大彗星
1680年 Comet Kirch (C/1680 V1)

1680年12月、ドイツ・ニュルンベルクにて

　1680年11月14日、ドイツのキルヒは望遠鏡を用いた観測で、しし座の中にこの彗星を発見した。
　12月18日に近日点を通過した際、太陽表面から彗星までの距離が92万km（太陽直径の6割）という表面すれすれのところを通過したようだ。このため、その後、70〜90度もの壮大な尾が世界中で観測された。ニュートンやハレーもこの大彗星を観測している。

クリンケンベルグ彗星
1744年 Comet Klinkenberg
(C/1743 X1)

　1743年12月にクリンケンベルグによって発見されたこの彗星は、翌1744年3月8日明け方にはこのスケッチのように6本もの尾をもつ大彗星として記録されている。彗星本体が地平線の下にあっても尾のみがこのように見えることがあり、人びとを驚かせる。このスケッチはフランス人の画家ド・シェゾーが描いたもので、それぞれの尾の長さが3千万kmの長さに及び、彗星本体は木星よりも明るく昼間でも見えたという。

スイス、ローザンヌのレマン湖の上空に
6本の尾をかけたクリンケンベルグ彗星

1758年に現れる彗星を予言した天文学者

エドモンド・ハレー。その名が付けられたハレー彗星は75〜76年ごとに世界の夜空に現れる

彗星にとりつかれた男

　史上もっとも有名な彗星は、75～76年周期で現れるハレー彗星（1P/Halley）であろう。ハレーの名はアイザック・ニュートン（1643～1727）の友人である天文学者エドモンド・ハレー（1656～1742）に由来する。

　ハレーは1680年、24歳の時にパリの夜空にかかった「キルヒの大彗星」を目撃している。尾を長く伸ばしたこの彗星の雄姿にとりつかれたハレーは、その彗星の軌道運動を正確に知りたいと思い、さまざまな計算を試みたが、どうしてもその運動をうまく説明することができなかった。そこでハレーはアドバイスを得るためニュートンのもとを訪ねた。1684年のことだった。

　ニュートンはすでにその彗星の軌道運動を彼自身が編み出した天体力学を用いることで解き明かしていた。ハレーはニュートンの理論に感銘を受け、過去の彗星の記録をすべて調べ上げた結果、1610年に現れた彗星が楕円軌道を描くことに気づいた。そして1705年、49歳の時に記した著書のなかで、
「1610年の彗星は、次回は1758年に戻ってくる」と予言した。

　しかしハレー自身はこの彗星の再来を見ることなく86歳で亡くなったが、その予言通りに戻ってきた彗星は、彼の名をとって「ハレー彗星」と呼ばれることとなった。

　ハレー彗星の出現の記録は、軌道周期からさかのぼっていくと、古今東西で数多く残されている。もっとも古い記録はBC239年、日本でもAD684年の出現記録が残っている。

テムズ河岸に建つグリニッジ天文台。ハレーは1720年から2代目台長として終生22年間も務めた。上はグリニッジ天文台にあるハレーの胸像

フラウゲルグス彗星
1811年 Comet Flaugergues (C/1811 F1)

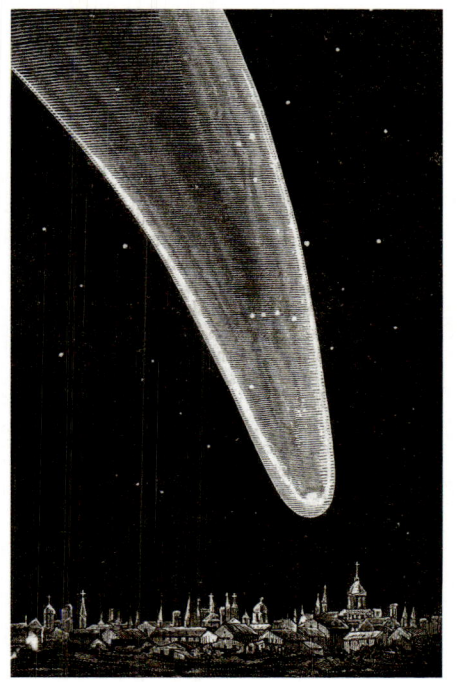

　1811年3月26日にフランスのフラウゲルグスによって発見されたこの彗星は、1812年8月までの長きにわたって観測された。
　1811年9月には北斗七星の近くを通り、一晩じゅう見ることができた。尾は長さ90度以上、幅6度と記録があるが、彗星本体も巨大な大彗星であったようだ。この年、ヨーロッパはぶどうが記録的な豊作で、この年のワインは「コメット・ワイン」とも呼ばれた。
　日本でもこの彗星は観測されていて、小林一茶は『我春集』のなかで次のような句を詠んでいる。
「人並みや　芒もさわぐ　ははき星」

10月15日、イギリスの夜空にたなびくフラウゲルグス彗星。ウィンチェスター、オッターボーンの丘からの眺め

1811年ドイツで見られたフラウゲルグス彗星。ライン川の畔の
ザンクト・ゴアール、ラインフェルス城から東の空を描いたもの

トラレス彗星
1819年 Comet Tralle (C/1819 N1)

1813年の大彗星「トラレス彗星」の出現に驚愕するパリの人たち。左には魔女の姿も描かれているが、「この世の終わり」の前兆と思われたようだ

北斎が描いた「ほうき星」
1835年のハレー彗星

　日本においても古くから彗星出現の記録が残っている。
『日本書紀』には、舒明天皇の6年(西暦634年)8月に長い尾を持った星が南の空に見え「時の人、彗星と曰う」と記述されている。
　天武天皇の13年（684年）7月にはハレー彗星についての記述があり、「秋七月、壬申、彗星西北に出づ、長さ丈余」とのみ記されている。
　時代が下り、右の絵は「中右コレクション」の一つで江戸後期、化政文化を代表する絵師・葛飾北斎が描いたとされる掛け軸である。この絵で描かれている彗星は詳細は不明だが、もし、1835年のほうき星を描いたのなら、ハレー彗星の可能性が高い。ハレー彗星は75〜76年の周期で太陽を公転する短周期彗星で、1835年（天保6年）にも回帰が世界中で記録されているからだ。
　北斎のこの絵のほかにも日本各地に記録が残っており、1835年10月初めには明け方の北東の空に5度ぐらいの尾を見せたようである。
　ちなみに、北斎はこの前年天保5年（1834）から「画狂人」と「卍」の号を用い、『富嶽百景』を描き始めた。

ハレー彗星を描いた頃の北斎の自画像（天保10年、80歳）

北斎はハレー彗星を見たか？　　中右 瑛記

　ほうき星が描かれた珍しい絵である。ほうき星を見て驚いている清人を北斎が描いたものだが、この清人、八十一歳の北斎自身のようでもある。
　ほうき星といえばハレー彗星を思い起こすが、この絵が描かれた五年前の天保六年（一八三五）にハレーが地球に近づいた記録がある。このハレーは太陽系を約七十六年かけて一周し、また地球に近づくのであるが、次の明治四十三年（一九一〇）のときは、ハレーと地球とが衝突するのでは……とか、地球最後の日だとかいって大騒ぎになったものだが。江戸時代はどうであったか、はたして北斎はハレーを見たのかどうか、これも研究課題の一つである。
　「画狂人卍筆・齢八十一歳」天保十一年（一八四〇）と署され、「葛しか」と彫られた白文方印が捺印されている。旧ハラリー・コレクションの里帰り品である。

北斎がほうき星を江戸で見たならば、北東にある筑波山を描いたのかもしれない

「中右コレクション」より

1843年の大彗星
"3月の大彗星" (C/1843 D1)

1843年の2月5日にこの彗星は発見されたが、発見者が多すぎて名前が付けられなかったという大彗星だ。日本でも江戸後期に目撃されている（次ページ）。"3月の大彗星"と称されるのは3月になって大きく輝きはじめたからだ。池谷・関彗星と同じく太陽の表面をかすめるような軌道を描く「クロイツ群」の彗星で、見かけの尾の長さ＝80度以上、尾の実長は3億2千万kmにも及んだ。その距離は太陽〜地球間の2倍を超え、史上最長の尾をもつ彗星と考えられている。
　この絵はパリの夜空を二分する3月19日の大彗星を描いたもので、上空にオリオン座がまたいている。

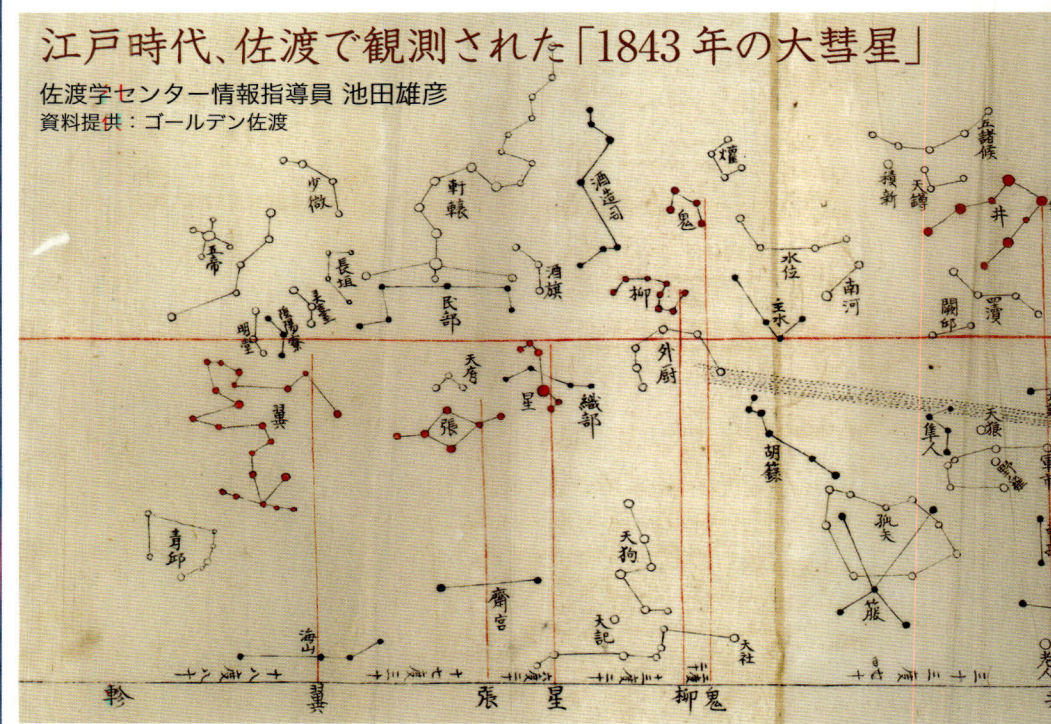

江戸時代、佐渡で観測された「1843年の大彗星」

佐渡学センター情報指導員 池田雄彦
資料提供：ゴールデン佐渡

図1 「白気発動星座測量之図」の1枚目

　佐渡島には江戸幕府の財政を支えた金銀山があり、幕府が直接管理した天領の島でした。幕末の頃、佐渡奉行所のお抱えの絵師として活躍した石井夏海・文海親子の貴重な資料が「ゴールデン佐渡（元三菱佐渡鉱山）」に残されています。父・夏海（1783～1845）はたんなる絵師ではなく、江戸の絵師であり蘭学者でもある司馬江漢から絵画、測量術、天文学などを学んでいます。

　この石井家の資料のなかに「白気発動星座測量之図」という6枚綴りの彗星を記録した星図があります。描かれている星座は現在の西洋星座でなく、中国星座です。ベースとなっている星図は、保井春海創著『衆星図』と思われます。「白気」とは「彗星」、「発動」とは「活動する」の意です。1枚目（図1）の右上には「白気発動星座測量之図草稿」とあり、天保14（1843）年2月（新暦3月）6日～21日の16日間の記録と記されています。ちなみに、後に幕府の天文方手伝となった地理学者・柴田収蔵は、この「白気の測量図」を書き写すために石井宅を毎夜訪問したこと、帰りの夜道で西南の空に彗星を見たことを日記に書いています。

　この彗星は、国立天文台の彗星リストから、近日点が1843年2月27日（新暦）で、尾の長さが3億2千万kmと太陽～火星間の距離より長い「3月の大彗星（C/1843 D1）」と判ります。図1を見ると、天苑（エリダヌス座の一部）から外厨（うみへび座の一部）に向けて、赤緯で約80度に及ぶ長い尾が伸びています。実に夜空の約40％を占めるほどの大彗星の測量図です。

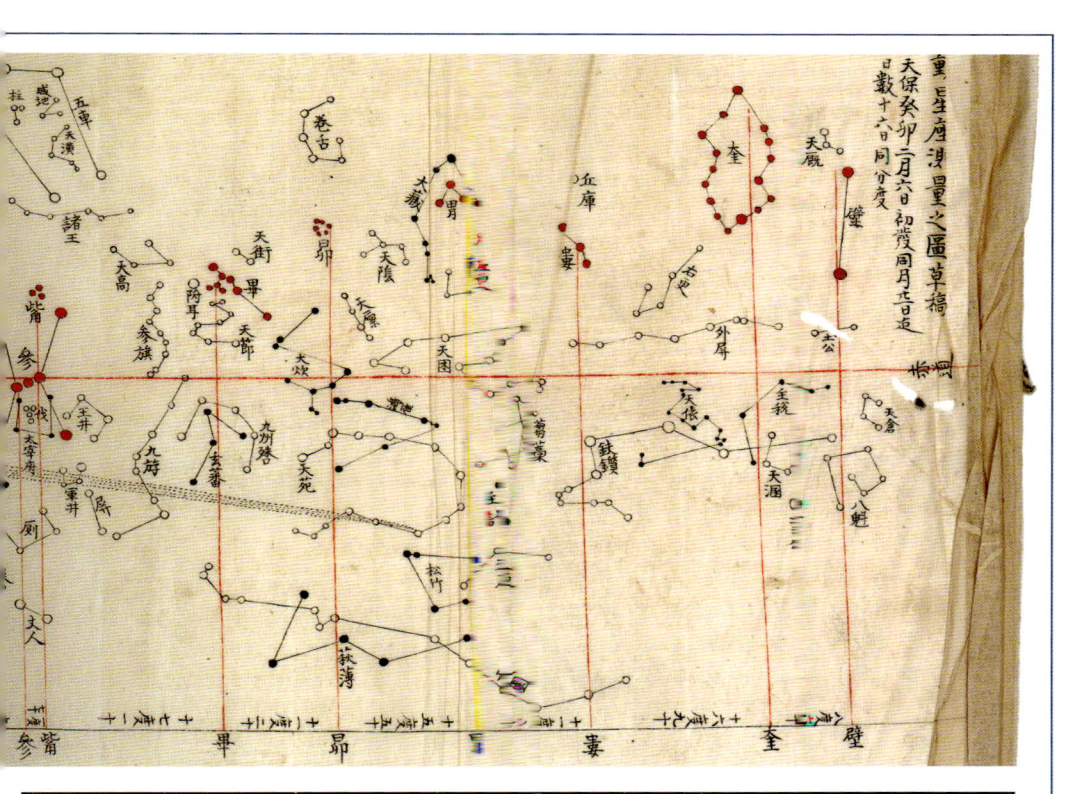

図2 天保14年旧暦2月20日、佐渡の空をステラナビゲーター（Astro Arts社製）で再現

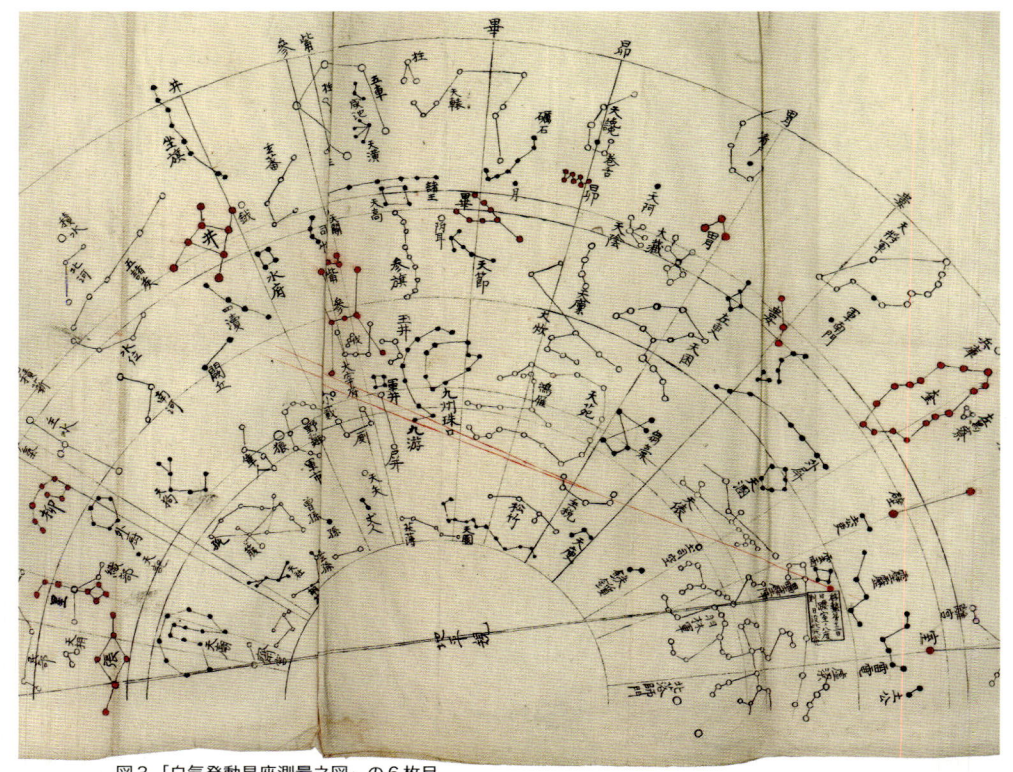

図3 「白気発動星座測量之図」の6枚目

　天文シミュレーションソフト（Astro Arts社「ステラナビゲータ」）を佐渡奉行所跡に設定して、描かれた日を推定してみました（前ページ図2）。彗星の核は、赤道宿度の「昴（おうし座17）と胃（おひつじ座35）の位置から試算すると、およそ赤経03時05分付近に相当します。この位置に彗星の核が到達するのは旧暦で2月19日〜20日頃となり、1枚目や6枚目（図3）の図が完成する直前の彗星位置を書き入れたものと推測できます。

　この日のシミュレーションデータは［出09:20　南中14:54　没20:28　光度：3.1等］を示します。それに記録された2月6日〜2月21日（新暦3月6日〜3月21日）の「3月の大彗星」をシミュレーションさせると、−0.5〜3.5等星と変化していきます。4枚目には「2月9日、彗星は日没直後の西の空にあり、他の星が見えないほど尾が明るく輝いていた」と記されています。空気の澄んだ当時の佐渡の夜空は、現在の−0.5〜3.5等星とは比較にならないほどクリアに見えたことでしょう。

　江戸期の離島・佐渡で、これほど正確に計測された彗星図が描かれたことに驚かされます。これは、金銀山開発のために最先端の科学技術が導入され、江戸の学問が直接佐渡に入っていた証でもあります。

ブローセン彗星
1857年 Comet Brorsen (5D/Brorsen)

ブローセン彗星を見つめるパリの人たち。1846年にデンマークの天文学者テオドール・ブローセンが発見した周期彗星は、地球に大接近した。1857年、1873年、1879年などにも観測されたが、その後は消滅したと考えられている

ドナティ彗星
1858年 Comet Donati
(C/1858 L1)

1858年10月4日、イギリスのケンブリッジの街でドナティ彗星を眺める市民

　イタリアの天文学者ジョヴァンニ・ドナティがフィレンツェで1858年6月2日に発見した彗星。9月29日に近日点を通過。その後、夕方の西の空で数本に尾が分かれた姿を多くの人たちが目撃した。1811年、1843年の大彗星と並んで称される19世紀最大の彗星の一つ。もっとも美しい彗星と称されることもある。

◀ 1858年10月5日、地球に最接近したドナティ彗星。パリ、セーヌ川右岸からシテ島のコンシェルジュリー上のドナティ彗星が描かれている。彗星頭部の右側の輝星は、おうし座のアークトゥルス

イギリス、オックスフォード大学のベリオール・カレッジからのドナティ彗星（水彩画）

ロンドン、テムズ川とセント・ポール大聖堂の上にかかるドナティ彗星

上の絵は、パリ市内でドナティ彗星を不安げに見つめる庶民の様子。19世紀になっても、庶民にとって彗星は不幸をもたらすものと恐れられていたことが分かる。

　日本でも江戸の幕末期、「安政の大獄」のあった1858年、ドナティ彗星が天に現れて「妖霊星（ようれいぼし）」と呼ばれたという。ちなみに妖霊星とは、聖徳太子が建立した大阪・天王寺の四天王寺に所蔵の太子が著したとされる予言書に記されている不吉な星のこと。乱世や世の変革期に、天に現れるという伝承もある。

テバット彗星
1861年 Comet Tebbutt (C/1861 J1)

　オーストラリアの天文学者ジョン・テバットが、1861年5月13日に発見した彗星で、「南天の大彗星」とも呼ばれる。北半球でも6月から3か月間は肉眼で見ることができた。この彗星はマイナス3等級の明るさに達したが、尾が扇状に大小数本に分岐しているのが特徴的だ。6月30日にはこの尾の中を地球が通過している。周期409年の長周期彗星。次回の回帰も楽しみだ。

コジア彗星
1874年 Comet Coggia (C/1874 H1)

クロイツ群の一つで、フランスの天文学者ジェローム・コジアが4月13日に発見。7月には40度以上に伸びる尾が観測された。コジア彗星のコマ内の構造が複雑に変化していく様子が詳細なスケッチで残されている。

パリのポン・ヌフ広場に集まってコジア彗星を観測している民衆

1882年の大彗星 (C/1882 R1)

　1882年9月3日、急激に明るくなり複数の人が発見者となったため、名前が付かなかったクロイツ群の彗星。7か月間も肉眼で観察できたので、世界各地に記録が残っている。核がバーストする様子や核が分裂する様子も記録されている。

　上の写真は、1882年11月7日にアフリカ南端ケープタウンの南アフリカ天文台で撮影された「1882年の大彗星」。今から130年以上も前に撮られたもっとも古い彗星写真の一つである。

上の絵は、インドで見られた1882年の大彗星。鉄橋を渡る蒸気機関車の上空に長く尾を引く彗星が描かれている。
　この彗星は太陽に極めて近づく軌道を持つクロイツ群と呼ばれる彗星の仲間で、1882年9月から翌年2月まで観察された。
　1882年の大彗星は9月末に太陽に最接近したが、最接近前には日中でも肉眼で彗星を確認することができた。
　日本でもこの時（明治15年9月末）にほうき星が夜空に現れ、大騒ぎになったようだ。その様子が錦絵に描かれて残っている（次ページ参照）。
　また、12月中旬には彗星が分裂する様子が観測された。クロイツ群の彗星は大昔にこの軌道を通る大彗星が分裂し、いくつかの核に分かれた後も、それぞれの軌道運動に従って数百年の周期で太陽に近づいてくるものと考えられている。

明治の錦絵に描かれた「1882年の大彗星」
『天文奇現象錦絵集』（国立天文台所蔵）

　明治時代、文明開化の流れのなかで、彗星や日食など天文現象を扱ったいくつもの錦絵が残されている。1878年に東京帝国大学に理学部星学科が置かれ、1888年には東京天文台（現在の国立天文台）が設置された。ちょうどその頃に出現した「1882年の大彗星」は日本国内でも多くの人たちが関心を持って見守ったようだ。

「彗星の図」

「当九月下旬よりして、東の方にあらわれたる彗星は、十七度にわたり高度は八度三十一分、方向は北より東へ百五度五十九分にて実に近代未曾有の大星なり。そもそも彗星は行星の一種にて其数六百有余あり。其形ほうきに似たれども、外の諸星に異なる事なく、只軌道をめぐるにきまりなきが故に不意にあらわるる事あれ共、吉凶の前兆、豊年の星などとは実に無学の僻説にてさらに怪しむべき事に非ざれば、聊か愚人の迷いを解かんとここに図す」

54

明治15年（1882）9月27日の朝4時30分頃、東の空に現れた「1882年の大彗星」。尾の長さは一丈三、四尺（約4m）ほどあったといい、凶年の兆しとか、庶民の様々な反応を描いている。

「ほうき星」

明治十五年九月二十七日より、午前四時三十分頃、東の方に彗星あらわれ、その長さ一丈三四尺位なり。ある人曰く「これは豊年の星なり」と。よって諸人、これを敬仰すという。

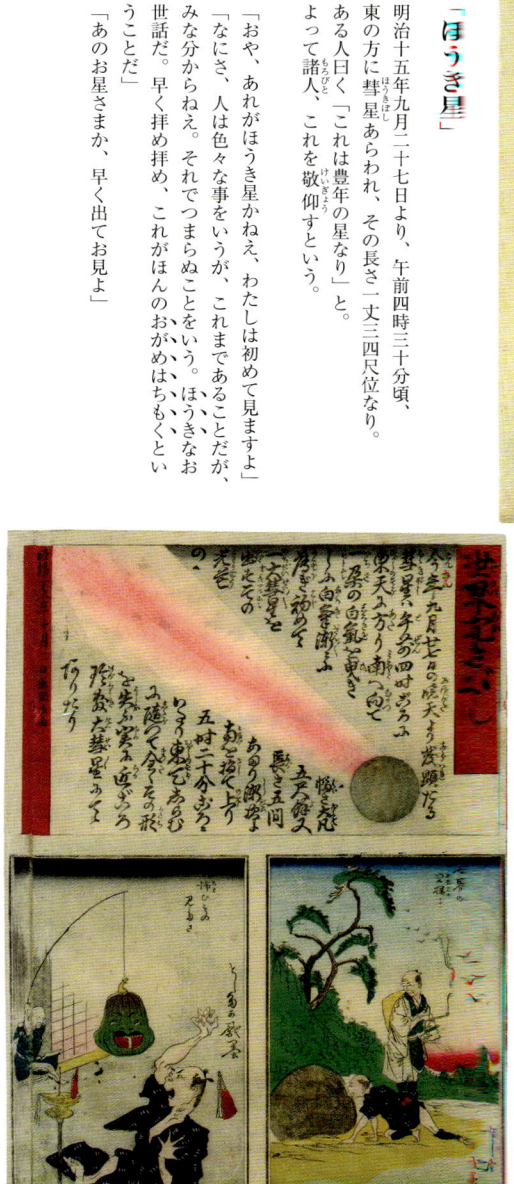

「おや、あれがほうき星かねえ、わたしは初めて見ますよ」
「なにさ、人は色々な事をいうが、これまであることだが、みな分からねえ。それでつまらぬことをいう。ほうきなお世話だ。早く拝め拝め、これがほんのおがめはちべいということだ」
「あのお星さまか、早く出てお見よ」

左図も「1882年の大彗星」。上段で大彗星が九月二十七日に現れて、東天が明ける頃にその形を失ったと説明され、下段の絵では彗星が落ちたと思われる穴を探している図が描かれている。上の科学的解説とは趣を異にしている。

「世界穴さがし」

今年九月二十七日の暁天より著顕たる彗星は、午前四時ごろに東天に方り、南へ向って一朶の白氣を曳きしに、白氣漸々に薄らぎ、初めて一大彗星を出だす。その光芒の幅さ大凡五尺余、また長さ五間あまり、漸次に南を指して上り、五時二十分頃にいたり、東の空しらむに随って全くその形を失う。実に近ごろ珍しき大彗星にてありたり。

（下段）世界の穴探し、としたか戯畫
怖いもの見たさ、としたか戯畫

モアハウス彗星
1908年 Comet Morehouse
(C/1908 R1)

　　1908年9月1日にイギリスの天文学者ダニエル・ウォルター・モアハウスによって発見された彗星である。上の写真はイギリスのグリニッジ天文台で撮られたもの。
　オールト雲からやってきた典型的な彗星だが、この尾の分光観測からCO^+イオンが検出されている。

1910年の大彗星【1月の大彗星】
(C/1910 A1)

　　　ハレー彗星が戻ってくるほんの数週間前に明るくなった彗星。1910年1月12日に南アフリカのヨハネスバーグ近くで鉱夫が、太陽のすぐそばで輝いているのを発見した。
　　　通称「1月の大彗星 (Great January Comet)」と呼ばれ、コマは金星同様の明るさであった。「鉱夫の彗星」とも呼ばれている。

ハレー彗星
1910年 Comet Halley
(1P/1909 R1)

ペルーで1910年4月21日に撮影されたハレー彗星。アレキパのハーバード・カレッジ天文台の8インチ望遠鏡にて、青板乾板に30分露出で撮影

1910年のハレー彗星の回帰

　1910年の回帰では、ハレー彗星の近日点通過が4月20日、その後5月20日には地球にわずか0.17天文単位（2千5百万km）まで接近している。このため、見かけの尾は120度を超える長さで観測され、まさに大彗星という印象を人びとに与えることとなった。

　1910年のハレー彗星ほど、人々を不安に陥れた彗星はない。というのは、1910年5月19日に、地球はハレー彗星の尾の中を通過することが事前に予報されていて、彗星の尾のなかの有毒なガスによって生物が死滅するという噂が世界じゅうに広まっていたからだ。

　尾の中を通過する間、息を止める訓練が行われたり、呼吸用に自転車のタイヤのチューブが飛ぶように売れたとか、彗星の毒消し薬とかいうまがい物の薬が売られたりもしたようだ。どうせ死ぬならとどんちゃん騒ぎをする人や、実際に自殺してしまった人もいた。しかし、その日、地上では何も変化は起こらなかった。彗星の尾のなかのガスの密度は極めて低く、生物の死滅どころか、地球の大気に何ら影響を与えることはなかった。

三日月と金星の上にかかる
ハレー彗星を描いた絵画
（1910年）

1910年、パリのノートルダム寺院の上に現れたハレー彗星

LA COMÈTE DE HALLEY
LES TOITS DE PARIS TRANSFORMÉS EN OBSERVATOIRES

1910年5月、ハレー彗星を見ようと屋上に集まったパリの人たち

1910年5月25日、エジプトの
ヘルワンで撮影されたハレー彗星

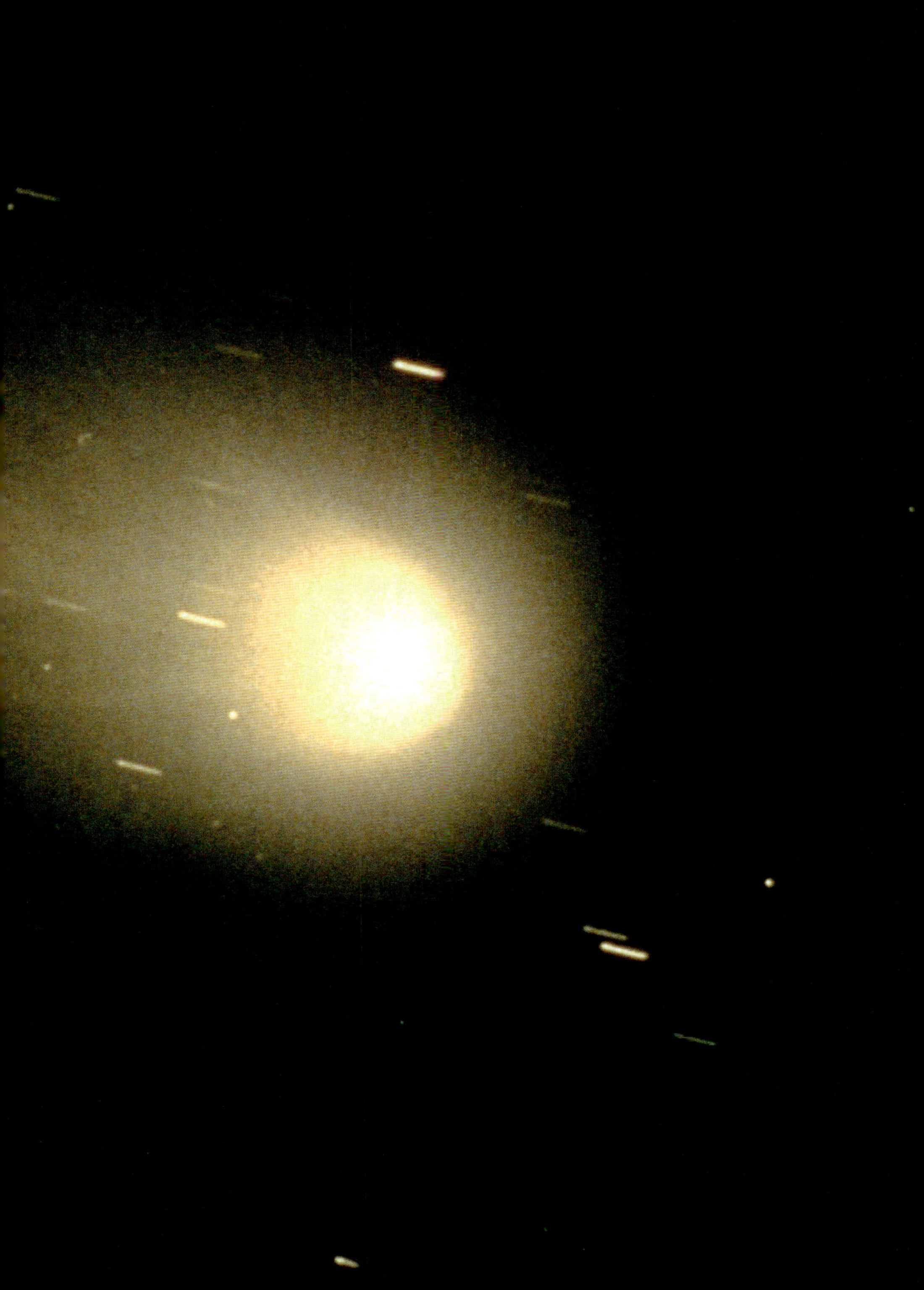

ブルックス彗星
1911年 Comet Brooks
(C/1911 O1)

30度以上にまっすぐに伸びたイオンテイルが特徴的だったブルックス彗星

アラン・ローラン彗星
1957年 Comet Arend-Roland
(C/1956 R1)

1957年4月末には一 等級、尾の長さが30度以上の大彗星に成長した。この彗星を有名にしたのは、その見事な"アンチ・テイル"。4月25日にスウェーデンで撮られたものだが、30度の尾の反対側に15度ものくちばしのような鋭い尾が伸びている。地球から見る角度によっては扇型に拡散したダストの尾が、彗星本体より前面、つまり通常とは逆の太陽方向に伸びて見える現象が幾何学的に起こる。これがアンチ・テイルだ。

池谷・関彗星
1965年 Comet Ikeya-Seki
(C/1965 S1)

1965年9月、台風通過の晴れ間をぬって日本人が相次いで新彗星を発見した。浜松市の池谷薫さん(1943～)と高知の関勉さん(1930～)が発見した「池谷・関彗星」である。
　この彗星はクロイツ群と呼ばれる太陽のごく近傍を通過する軌道をもつ彗星の仲間だ。クロイツ群は太陽に近いため昇華する氷の量も多く、見事な尾を形成する。なかには分裂したり太陽に飛び込んでしまうものもある。池谷・関彗星は30度もの尾を明け方の東南の空にたなびかせ、世界中の人を魅了した。この大発見を機にコメント・ハンターになったというベテラン観測家も多い。
　池谷・関彗星は、10月21日に太陽表面からわずか116万km(太陽直径の2倍弱)のところを通過した。このとき-17等級にまで達し、昼間の太陽のすぐ近くで観察することができた。そのとき国立天文台の乗鞍コロナ観測所では、コロナグラフを使って写真撮影に成功している。近日点通過の直前に、核が3つ程度に分裂したことが確認されているが、10月27日頃には明け方の東空に明るく長い尾を引くのが観測された。

コロナに突入直前の池谷・関彗星。1965年10月21日、太陽に接近する間際、非常に明るくなった彗星をとらえた写真
(提供：国立天文台)

この望遠鏡で大発見！ 1965年9月19日午前4時の「イケヤ・セキ彗星」を発見した池谷薫さん。星図を片手に毎夜、彗星を観測しつづけた（1965年10月6日、静岡県浜名郡の自宅にて／写真提供・朝日新聞社）

追想の「池谷・関彗星」　　　関 勉

　太陽監視衛星 SOHO の見つけるクロイツ属の彗星は、そのほとんどが近日点の近くで消滅する。"飛んで火に入る夏の虫"である。しかし、池谷・関彗星は太陽の近くで満月の数十倍の明るさに輝き、その高熱の中を無事くぐり抜けたのである。

　池谷・関彗星の発見は我々二人にとって、奇跡とも言える発見であった。鋭眼で若きコメット・ハンターの池谷さんはその日、台風通過中のまさに台風の眼の中のわずかな晴れ間に同彗星を発見した。それから遅れること 10 分、私は台風通過後のクリヤーな空に発見したのである。台風襲来といえども、ひるまず熱心に空を監視していた池谷さんの手柄である。

　発見当時、私が使用していたコメットシーカーは口径がわずか 88mm という小さな屈折鏡である。それまでの 15cm の反射鏡を捨ててあえて小口径を選んだのには理由があった。15cm 鏡は確かに集光力があった。しかし不出来な鏡のためコマ収差がひどく、視野 1.5 度で使用できるのは中心付近の 40％くらいであった。従って広い天空の捜索にひどく時間がかかり、また端近くを通過する彗星はことごとく見逃した。10 年近く使用した反射鏡を捨て、広角（3.5 度）の屈折鏡を使用し始めたときには、水を得た魚の如く広い天空を泳ぎ周り、彗星をもとめて跳梁した。私は明るい彗星の発見は太陽の近くの 10 分間が勝負だと思っている。

　確か 1975 年頃だったと思う。池谷さんから No.1 の銘の入った反射鏡が贈られてきた。池谷・関彗星発見後の友情の鏡である。私はこの鏡をマウントすることによって池谷鏡によって映し出される星空の素晴らしさを知った。池谷さんが日ごろ長菜によって眺めている星の美しさを知ったのである。

　今はこの鏡は私の机上で光り輝いている。鏡を覗き込むとき、あの劇的な彗星発見の思い出が蘇るのである。そしていつまでも心の糧として、観測に疲れた時、そして苦しい時、悲しい時、私を励まし続けてくれるのである。

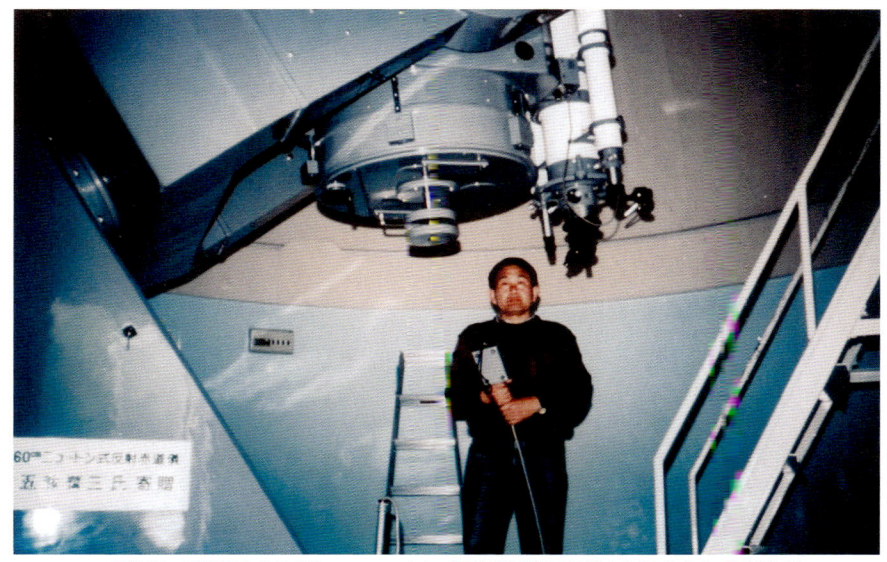

高知県・芸西天文台の 60cm ニュートン式反射望遠鏡で観測中の関 勉さん（2003 年）

コメット・ハンター（彗星探索家）たち

「昼間は太陽までしか見えないが、夜は肉眼でも200万光年先まで見える」と語る本田彗星発見者の元倉敷天文台長・本田實さん
（岡山県上房郡賀陽町の山中にて／写真提供・朝日新聞社）

星空にロマンをもとめて

　本田實さん（1913～1990）は、生涯に彗星を12個も発見した日本を代表するアマチュア天文家だ。京都大学花山天文台長だった山本一清博士の指導を受け、1940年に初の彗星発見となる「岡林・本田彗星」を発見し、翌1941年からは、岡山県倉敷市の倉敷天文台で活躍した。

　海外ではまず18世紀のフランスの天文学者シャルル・メシエ（1730～1817年）が挙げられるだろう。メシエはコメット・ハンターの草分け的な存在で、生涯に13個の彗星を発見するとともに、彗星と見間違いやすい天体、すなわち星団・星雲・銀河等のカタログを作成した。この「メシエ・カタログ」はもっとも有名な天体カタログとして世界じゅうの人々が今も愛用している。

　最も彗星の発見数が多いのは、同じくフランス人のジャン＝ルイ・ポンス（1761～1831年）で37個の彗星を発見・検出している。

　そのほか、21個を発見したドイツのエルンスト・テンペル（1821～1889年）、32個を発見・検出した米国のユージン・シューメーカー（1928～1997年）とキャロライン・シューメーカー（1929年～）夫妻。22個を発見したカナダのデイヴィッド・レヴィ（1948年～）、そして現役アマチュア最高記録の18個を発見したオーストラリアのウィリアム・ブラッドフィールドらが有名だ。

　日本人コメット・ハンターでは、本田實さんのほか、7つの彗星を発見している池谷薫さん、関 勉さん、木内鶴彦さん、百武裕司さん、藤川繁久さん、村上茂樹さんが2つ以上の彗星を発見し、それぞれの彗星に命名されている。

　池谷さんは今も現役のコメット・ハンターとして活躍しておられ、2002年と2011年に「エドガー・ウィルソン賞」を受賞。以下は今世紀の日本人受賞者である。

受賞年	受賞者	発見した彗星
2001	宇都宮章吾	宇都宮・ジョーンズ彗星（C/2000 W1）
2002	池谷薫	池谷・張彗星（C/2002 C1）
2002	村上茂樹	スナイダー・村上彗星（C/2002 E2）
2002	宇都宮章吾	宇都宮彗星（C/2002 F1）
2003	工藤哲生・藤川繁久	工藤・藤川彗星（C/2002 X5）
2009	板垣公一	板垣彗星（C/2009 E1）
2011	池谷薫・村上茂樹	池谷・村上彗星（P/2010 V1）

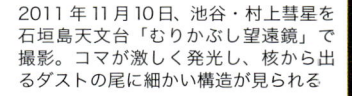

2011年11月10日、池谷・村上彗星を石垣島天文台「むりかぶし望遠鏡」で撮影。コマが激しく発光し、核から出るダストの尾に細かい構造が見られる

ベネット彗星は1969年12月28日に南アフリカのアマチュア天文家ジョン・ベネットが発見した大彗星である。
　1970年3月末には地球に最接近して−3等級まで明るくなり、上の写真のように太いチリの尾をたなびかせた。右の写真は1970年3月に福島県白河市で撮ったベネット彗星。(上・右ページ写真提供：藤井旭)

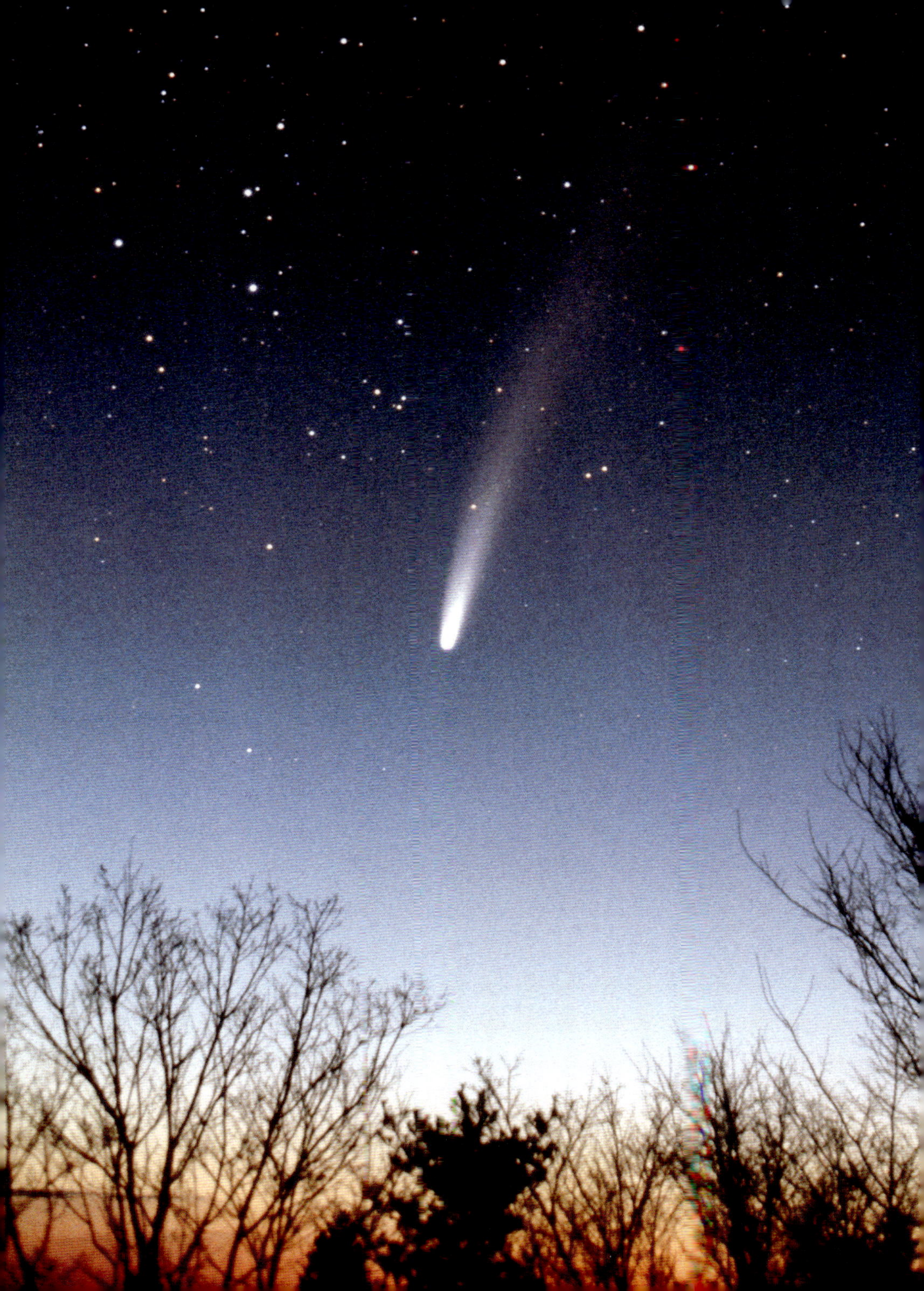

1974年1月に撮影されたコホーテク彗星。1973年3月にチェコの天文学者ルボシュ・コホーテクが西ドイツのハンブルグ天文台にて、小惑星サーチ観測中に発見した。世紀の大彗星になると予想されたが大きく外れ、3等級どまりだった

ウェスト彗星
1976年 Comet West
(C/1975 V1)

1970年代、もっとも明るかったウェスト彗星。1976年2月25日、太陽に0.196AU（2900万km）まで近づき、その後、核が4つに分裂した。このため20世紀中でもっとも美しいとも呼ばれる雄大なダストテイルが形成された

ウェスト彗星
1976年 Comet West
(C/1975 V1)

1976年3月18日、カリフォルニアで撮影されたウェスト彗星。白い尾はダストテイルで、青い尾はイオンテイル

アイラス・荒貴・オルコック彗星
1983年 Comet IRAS-Araki-Alcock
(C/1983 H1)

1983年5月に、赤外天文衛星IRASと新潟県の荒貴源一とイギリス人のオルコックが発見した彗星。地球からわずか0.0313AUという至近距離を高速で通過していった

ハレー彗星
1986年 Comet Halley
(1P/1982 U1)

1986年10月にニュージーランドで撮影された去りゆくハレー彗星。右は雲に遮られた月の明かり。エドモンド・ハレーによって名づけられたこの彗星は紀元240年から75〜76年周期で回帰し続けている。次回戻ってくるのは2061年

近日点通過（1986年2月9日）の直後、2月13日にカルフォルニアで撮影されたハレー彗星

（右）オーストラリアのエアーズ・ロックで撮影されたハレー彗星（1986年4月2日）。この時期、ハレー彗星はさそり座の尾の部分を通過中で、地平線から昇ったばかりの黄色く光る天の川中心の無数の星の光の上に、ハレー彗星の尾が重なっている

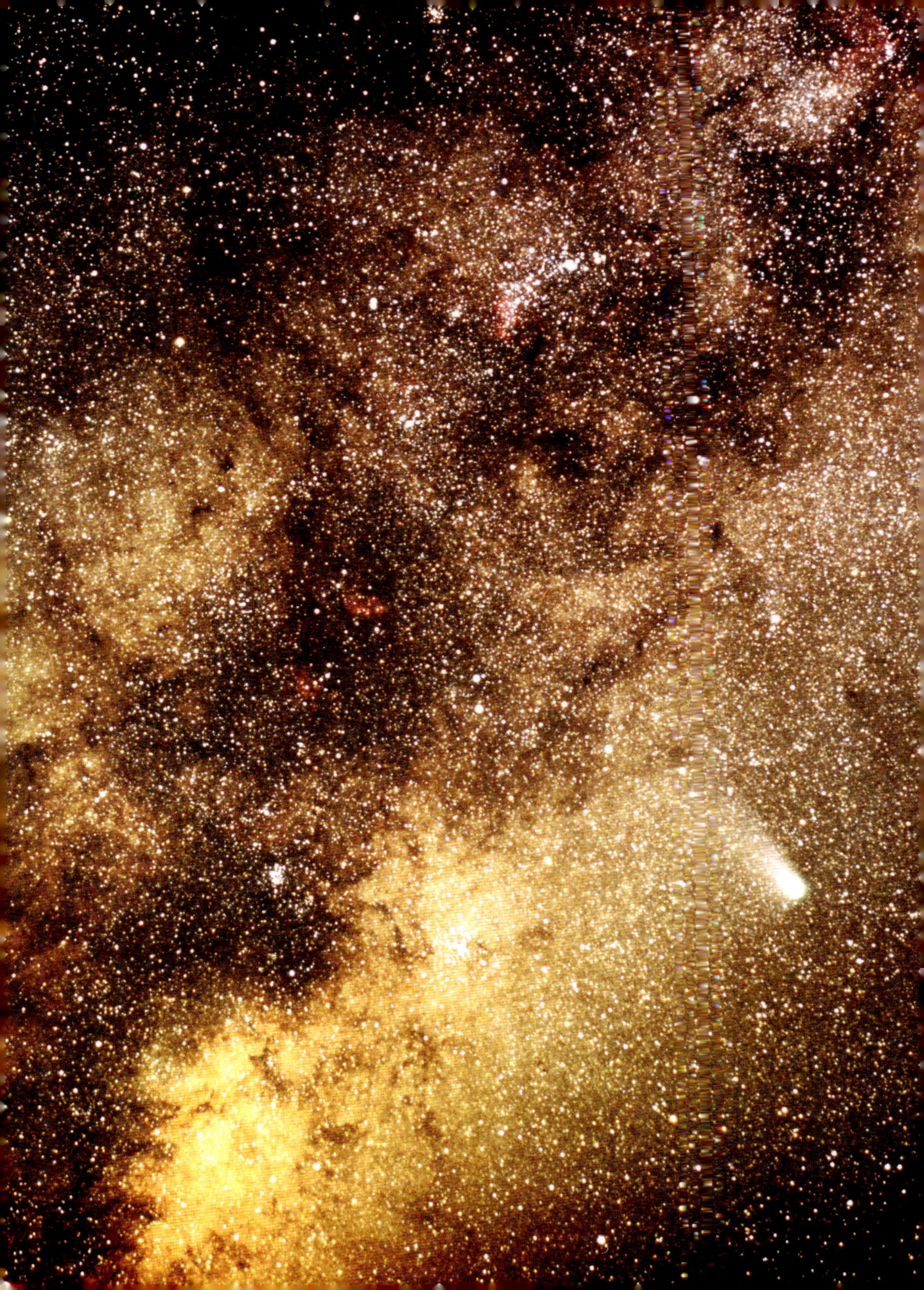

1986年オーストラリアで撮影

（右）1986年、ハレー彗星探査機ジオットが撮影したハレー彗星本体（核）。彗星本体が撮影されたのはこれが初めて。ハレー彗星の核はピーナッツ状の形で、サイズは約16km×8km×8kmであることが分かった。予想に反して、表面全域からガスが放出されているのではなく、表面からいくつかのジェットが噴出している様子を人類は初めて目撃した

83

ブラッドフィールド彗星
1987年 Comet Bradfield (C/1987 P1)

ブラッドフィールドはオーストラリアを代表するコメット・ハンターで、数多くの彗星を発見している。そのうちの一つが、このC/1987 P1。1987年11月19日にイギリスで撮影された画像

スウィフト・タットル彗星
1992年 Comet Swift-Tuttle (109P/1992 S2)

1992年11月19日に撮影されたスウィフト・タットル彗星。
　この彗星は1862年に発見された彗星で、当時は120年の周期彗星と計算されていた。しかし、軌道計算の大御所であるブライアン　マーズデンは、彗星の自転によって生じる非重力効果を加味して詳細に再計算をし、133年という公転周期を導き、1992年11月ごろに回帰することを1973年に予言した。
　スウィフト・タットル彗星の軌道は地球の軌道と交差しており、次に回帰する2126年には地球に衝突するのではと心配されている。三大流星群の一つ、ペルセウス座流星群の母天体でもある。

シューメーカー・レビー第9彗星
1994年 Comet Shoemaker–Levy 9 (D/1993 F2)

1993年3月に、米国のパロマー天文台にてシューメーカー夫妻とレヴィ氏によって発見された9つ目の彗星（SL9彗星）。

発見後に彗星の軌道を計算した中野主一は1994年の7月にこの彗星が木星に衝突することを予報した。

SL9彗星が木星にしだいに近づいていく様子が、世界中の大型望遠鏡で観測された。木星からの潮汐力によって彗星核は次々に分裂し、最終的には21個の核となって、1994年7月16日から7月22日までの間に、相次いで木星に衝突した。衝突は、地球から見て木星の裏側で起こったため、直接、その瞬間を見ることはできなかった。

しかし、その衝突した跡の黒い痕は地上から口径5cmの小型望遠鏡でも観測することができた。衝突痕のなかには地球と同じぐらいの大きさのものもあり、その衝撃の大きさに人々は、もし地球に彗星が衝突したらと恐れおののくこととなった。
（写真：NASA）

ハッブル宇宙望遠鏡が捉えたSL9彗星と木星

木星衝突直前のＳＬ９彗星。大小21個の核に分裂した

巨大な衝突の痕は、地上からも観察することができた
（ハッブル宇宙望遠鏡で撮影）

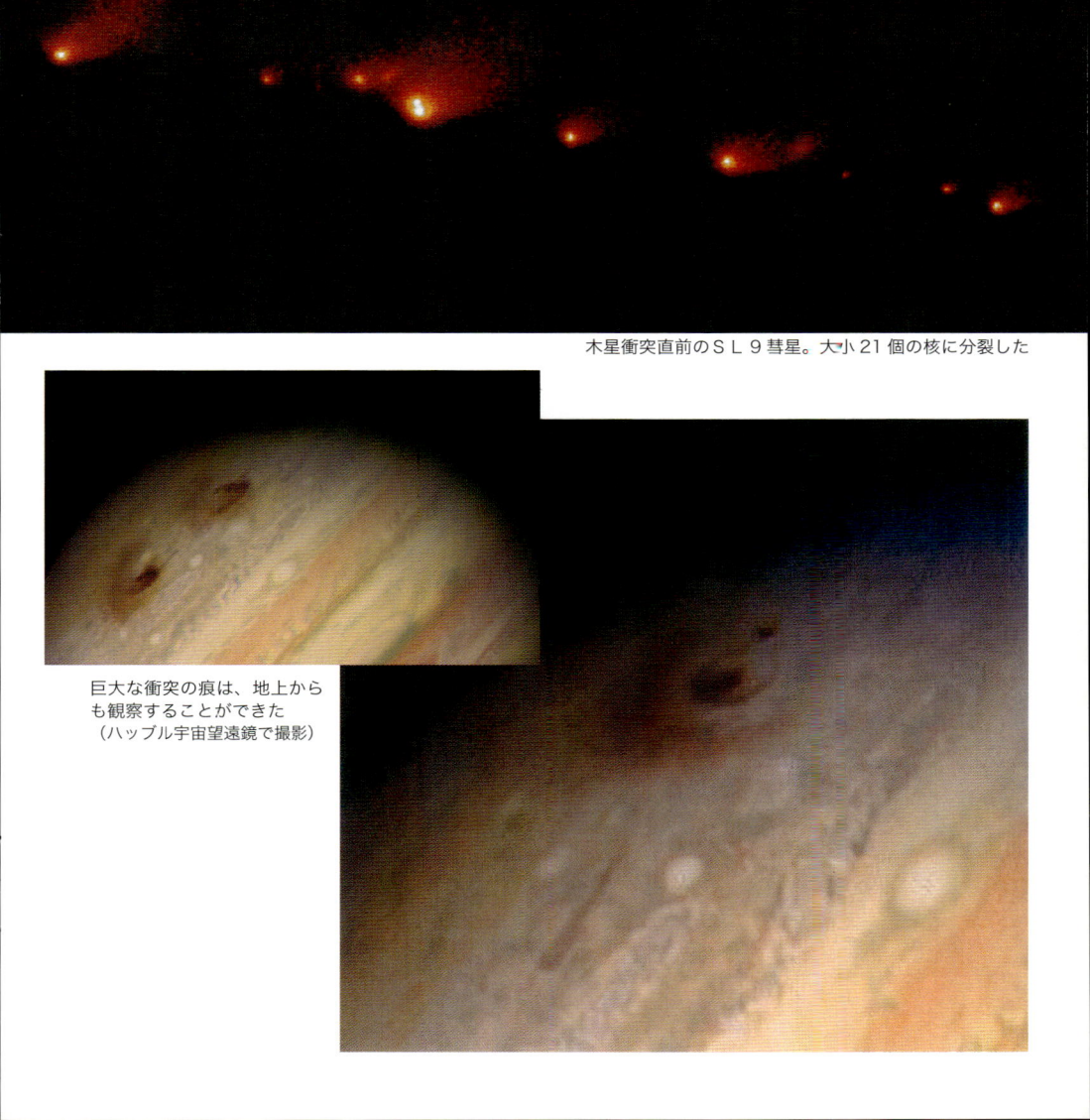

百武彗星
1996 年 Comet Hyakutake
(C/1996 B2)

日本人が発見した彗星は数多くあるが、そのなかで人々に深い印象を残したのは、なんといっても1965年の池谷・関彗星と、1996年の百武彗星であろう。
　百武彗星は、それまで無名であった鹿児島県のアマチュア天文家、百武裕司さん (1950～2002) が発見した。彗星には発見順に3名まで名前が付くので、ヘール・ボップ彗星、小林・バーガー・ミロン彗星、アイラス・荒貴・オルコック彗星など複数名の名前の付いた彗星が多いなか、百武さんは他の彗星探索家に圧倒的に先駆けて彗星を発見したことが名前から分かる。

　百武さんは1995年12月に「C/1995 Y1」、1996年1月に「C/1996 B2」とたてつづけに新彗星を発見した。このうち「C/1996 B2」は1996年春に、尾が80度以上に伸びる世紀の大彗星となった。
　残念なことに、百武裕司さんは51歳の若さで亡くなったが、Hyakutakeの名は天文学の歴史とともに永遠に人々に語り継がれていくだろう。

1996年3月26日、高知県土佐市北地にて撮影。上は3時7分〜3時10分 (JST)、右は魚眼レンズで3時54分〜4時9分 (JST) ──提供・小関高明（姫路科学館）

百武彗星（C/1996 B2）の特徴は、その発達したプラズマテイルにある。上の写真では太陽風によって吹き流されたプラズマの塊（プラズモイド）が、尾の中ほどから分裂していく様子が撮影されている。

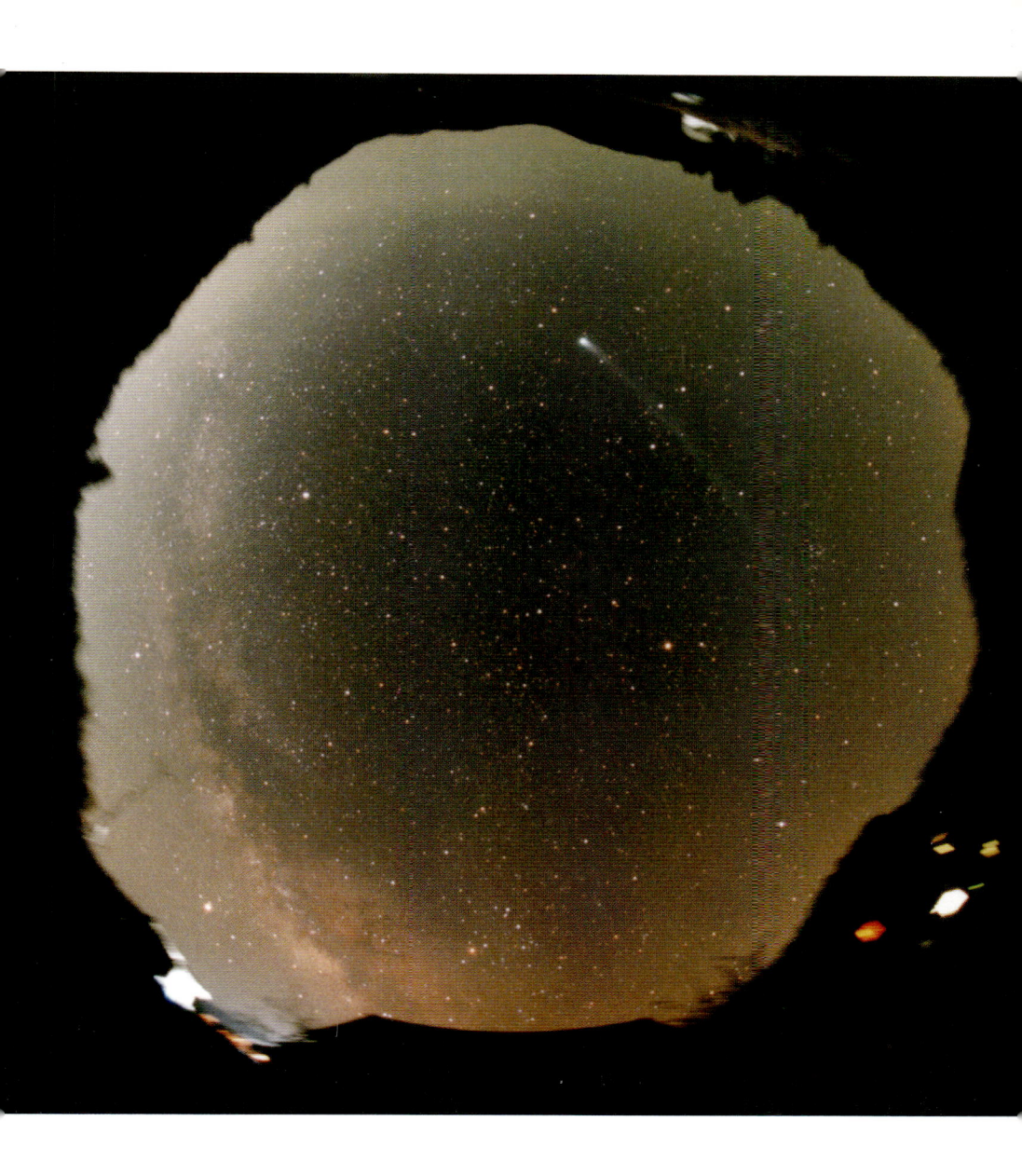

百武彗星は3月25日に地球からおよそ1500万kmという近距離を通過した。その前後にこの彗星は北天で一晩中見える位置にあり、市街地からも簡単に数十度に伸びた青白い尾を確認することができた。

北斗七星(左)と北極星の
間を通過する百武彗星

口径13cm屈折望遠鏡で撮影された百武彗星。この写真では「コマ」と「プラズマテイル」構造がよく写っている

「百武彗星」発見の瞬間と星空ロマン

百武裕司さん。右は東亜天文学会の中野主一氏に宛てた「百武彗星」発見時の第一報FAX

> 今朝 5時前にてんびん座に彗星状天体をとらえました。手元の資料で調べても不明の天体ですので、御面倒とは思いますが御助言下さいませ。
> 国立天文台へも連絡はしたのですが……
>
> 鹿児島　百武

　百武裕司さんは鹿児島で活動された日本を代表する彗星捜索家です。生涯にC/1995Y1（1995年12月26日）と C/1996B2（百武彗星・1996年1月31日）の2つの新彗星を発見しました。とくに急速に大彗星に成長した百武彗星は世界中の注目を集めました。その発見報告をした自筆のFAXが残されています。

　彗星発見の同年10月には、公開天文台スターランドAIRA（鹿児島県姶良市）の館長に就任し、天文普及に尽力されました。百武さんの彗星捜索は、大型の双眼鏡を使った眼視観測でした。氏が彗星を発見した観測地（霧島市国分平山）には、石碑が立てられています。勤務地だった スターランドAIRA にも「百武裕司氏在館記念碑」が立てられ、百武氏の詩『星空浪漫』も紹介されています。

　氏は 2002年に51歳の若さで急逝されましたが、「せんだい宇宙館」（鹿児島県薩摩川内市）では2012年、ゆかりの貴重な品々を夫人からお借りし、氏の活動の記録とともに展示しました。

―― せんだい宇宙館・館長　早水 勉

資料提供：せんだい宇宙館

中野主一様

確認作業ありがとうございました。心よりお礼申し上げます。B1を見にゆき首が痛くなったので、晴れ間から乙女群を見ていたら、偶然に見つかりました。気持ち悪い程1995Y1の発見位置の側（3°東）でした。天文現象で偶然には慣れている方だけど、自分の事となると話は別です。今朝の観測地は雷雲の中で何も見えませんでした。
また迷惑をかける時があるかも知れませんが、宜しくお願いします。

鹿児島　百武
1996-02-01-5h15m

確認の感謝を述べる礼状（FAX）

百武彗星を発見した場所に建立された発見記念石碑

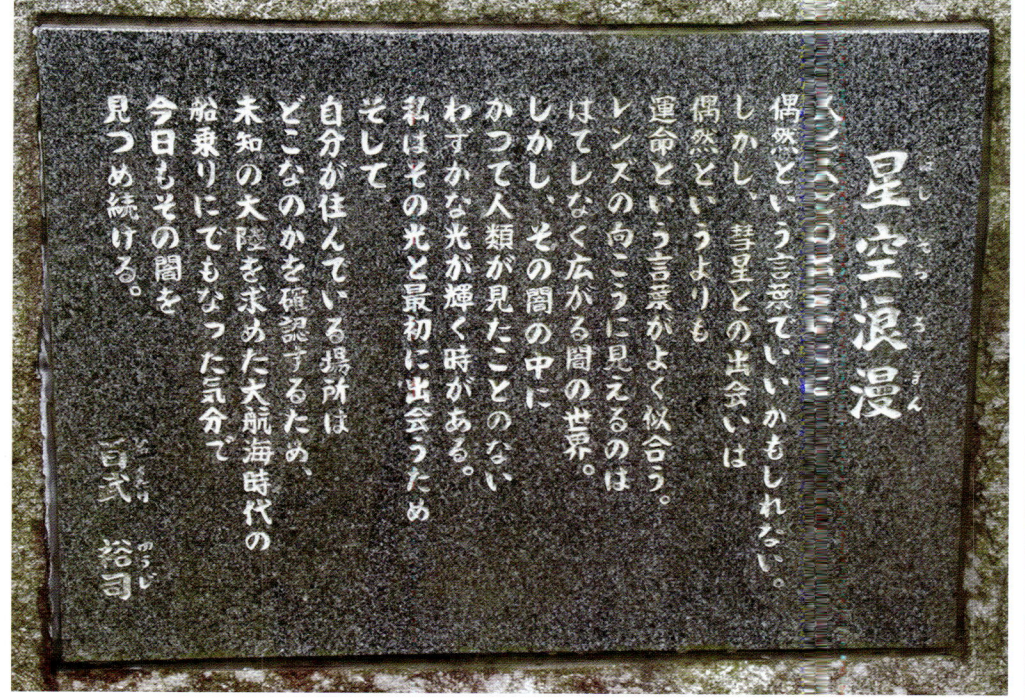

星空浪漫

偶然という言葉でいいかもしれない。
しかし、彗星との出会いは偶然というよりも運命という言葉がよく似合う。
レンズの向こうに見えるのははてしなく広がる闇の世界。
しかし、その闇の中にかつて人類が見たことのないわずかな光が輝く時がある。
私はその光と最初に出会うためそして自分が住んでいる場所はどこなのかを確認するため、未知の大陸を求めた大航海時代の船乗りにでもなった気分で今日もその闇を見つめ続ける。

百武　裕司

百武さんの宇宙への思いをこめた詩『星空浪漫』

ヘール・ボップ彗星
1997年 Comet Hale-Bopp
(C/1995 O1)

富士山頂をかすめるように尾
を引くヘール・ボップ彗星

1995年7月にアラン・ヘール=トーマス・ボップが発見した。発見時の彗星の距離が7.2天文単位(木星と土星の間)と、通常では考えられない遠い場所での発見だった。通常、彗星がコマを形成するのは木星より内側に来てからだが、この距離でコマが確認でき、11等級という暗さで発見できたということは、この彗星がずば抜けて巨大な彗星であることを物語っている。

カリフォルニア州ジョシュア・ツリー国立公園の巨岩群の上空に尾を引くヘール・ボップ彗星

　ヘール・ボップ彗星は、観測最大規模の直径 50km もの大きさである。予想を裏切ることなく、1997 年 4 月 1 日に近日点を通過し、その後の数か月は−1 等級の明るさに達した。

　また、もっとも長い期間観測できた彗星でもある。1811 年のフラウゲルグス彗星 (1811 年第一彗星) の 8 か月を超える 18 か月もの間、肉眼で観測することができた。

　肉眼でもダストテイルの明るい部分は簡単に確認できたが、太陽の反対方向に長く青白くすらっと伸びたプラズマテイルと、幅広く堂々と広がる黄味がかった白いダストテイルが見事だった。ダストの尾の中には、シンクロニックバンドという放射線状の特徴のある構造も見られ、さらに世界で初めて彗星第 3 の尾、ナトリウムの尾も検出された。

　ヘール・ボップ彗星の公転周期は 4531 年。ふたたびその雄姿を私たちの子孫たちが見届けられるよう、人類の持続的な発展と地球環境の維持を祈りたい。

1997年3月24日の夕方、アメリカ北西部ワイオミング州のグランド・ティトン国立公園で撮られたヘール・ボップ彗星

イギリス、ケント州のリカルバー・タワー上空を彩るヘール・ボップ

1997年3月29日、イギリス南西部のキングスブリッジで撮影。青いイオンテイルと白いダストテイルがみごとに発達

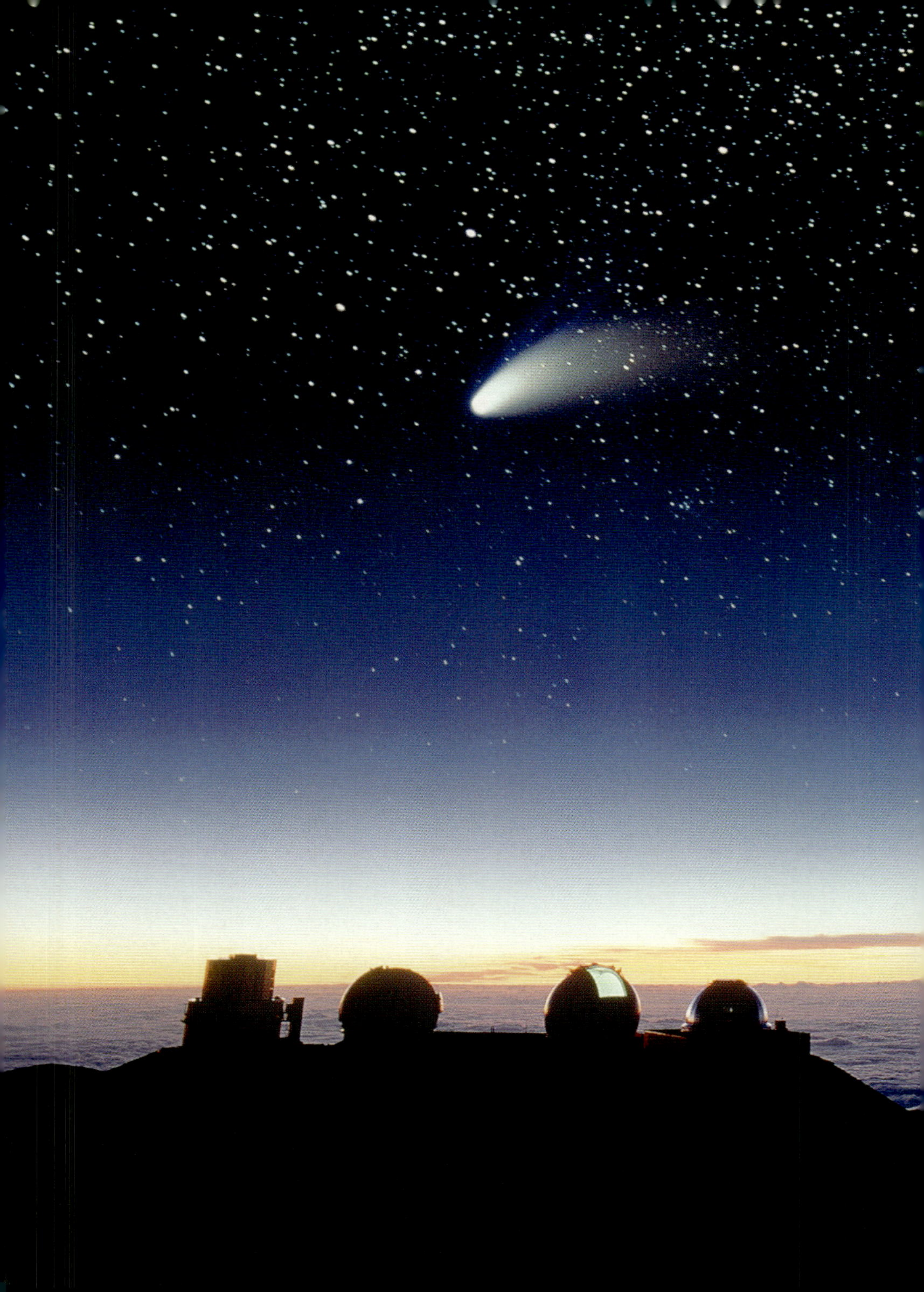

ハワイ島マウナケア山頂（4205 m）は天体観測のメッカ。
世界中の大型望遠鏡が宇宙の謎解きにしのぎを削る。
夕空に浮かぶヘール・ボップ彗星と、左から日本のすばる望遠鏡（口径8.2 m）、米国のケック望遠鏡I号・II号機（口径10 m）とIRTF（口径3.0 m赤外線望遠鏡）

ニート彗星
2004年 Comet NEAT
(C/2001 Q4)

2004年5月7日、アリゾナ・ツーソンにあるキット・ピーク国立天文台のWIYN 0.9 m望遠鏡で撮影されたNEAT彗星

ブラッドフィールド彗星
2004 年 Comet Bradfield (C/2004 F4)

オーストラリアの彗星捜索家ブラッドフィールドが発見した18個目の彗星。この写真はカリフォルニアのジョシュア・ツリー国立公園にて 2004 年 4 月 25 日に撮影された。長く尾を引く彗星の左手にはアンドロメダ銀河M31 が写っている。

◀ NEAT とは米国ジェット推進研究所の Near-Earth-Asteroid Tracking Team の略称で、C/2001 Q4 をはじめ、すでに数十個の彗星を発見している。
　地球に衝突する危険性のある特異小惑星の発見を目的とした天体捜索を「スペースガード」と呼ぶ。1990 年代より世界中でスペースガードの諸プロジェクトが立ち上がった。それまで主にアマチュア天文家の独壇場であった彗星発見も、これらの諸プロジェクトが小惑星捜索の過程でいち早く見つけだしてしまうケースが増えている。
　ほかにも LINEAR、Pan-STARRS（パンスターズ）などのプロジェクトが次々に彗星を検出している。

ヴィルト第2彗星
2004年 Comet Wild 2 (81P/Wild)

周期6.41年の短周期彗星。米国NASAは、2004年1月3日に彗星探査機〈スターダスト〉を240kmまで接近させ、72枚の写真を撮影するとともに、ヴィルト第2彗星のダストを採集した。

2006年1月15日にはサンプルリターンに成功。ダストからは必須アミノ酸の一つグリシンが発見された。ヴィルト第2彗星の核の直径は5km。他に撮影された彗星核と比べて丸い。(写真:NASA)

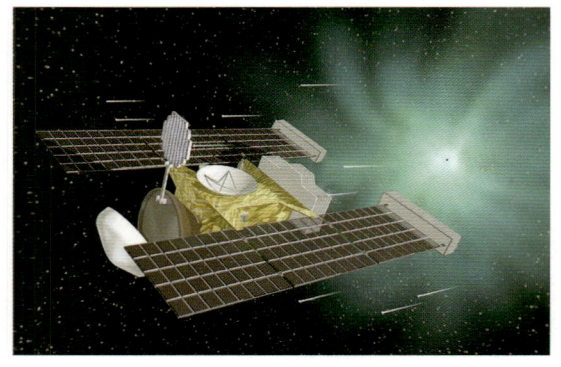

ヴィルト第2彗星の表面

ヴィルト第2彗星とランデブーする宇宙探査機〈スターダスト〉の想像図。〈スターダスト〉は1999年2月7日 (UT) に打ち上げられ、2004年1月2日にヴィルト第2彗星に最接近、さらに、2011年2月14日にテンペル第1彗星に接近した

マックホルツ彗星
2005年 Comet Machholz (C/2004 Q2)

2005年1月7日、マックホルツ彗星 C/2004 Q2 が、すばる（プレアデス星団）に近づいた。すばるに向かって伸びるイオンテイルに対し、扇型に広くダストテイルが伸びている

12 Jan 2005, 21.23 UT

12 Jan 2005, 22.11 UT

2005年1月12日、48分間でのマックホルツ彗星の移動の様子

テンペル第1彗星
2005年 Comet Tempel 1
(9P/Tempel)

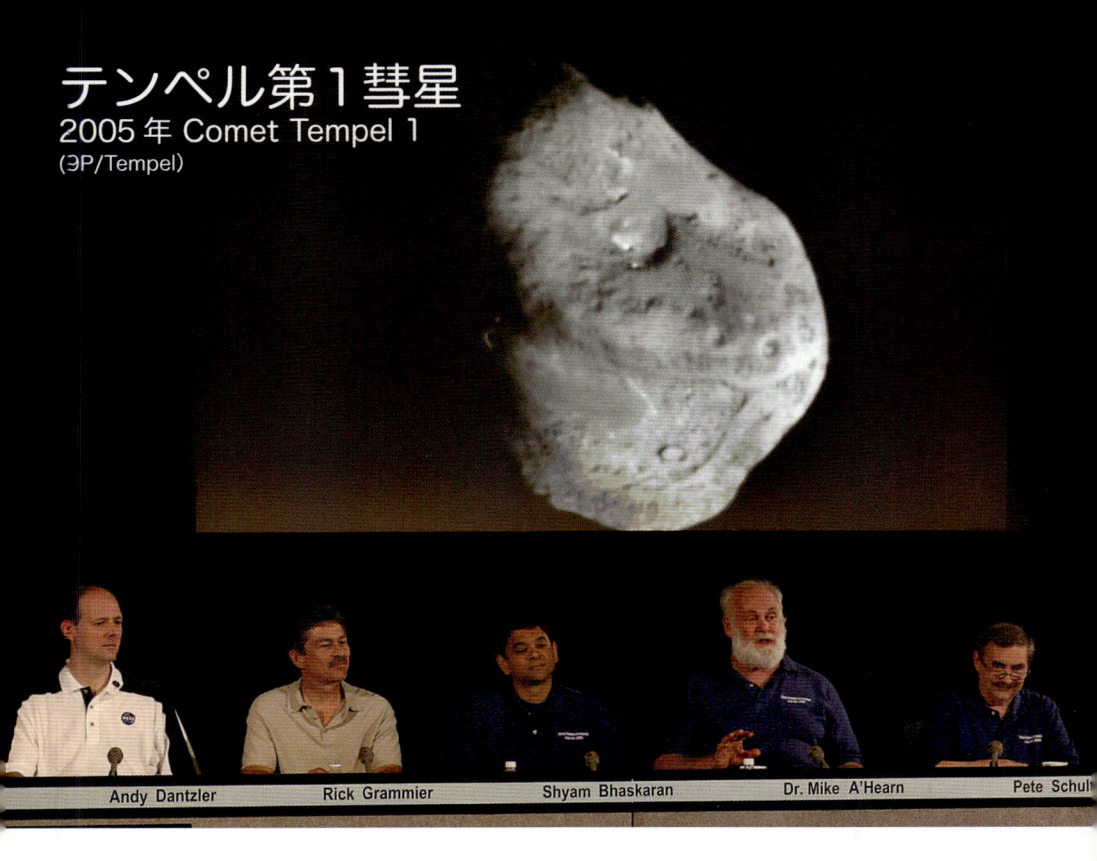

テンペル第1彗星に弾丸を発射する〈ディープ・インパクト〉の想像図。2005年1月12日に打ち上げ、2005年7月4日に最接近した

　1863年にドイツの天文学者テンペルによって発見された公転周期5.52年の短周期彗星。
　NASAの探査機〈ディープ・インパクト〉は2005年7月4日(アメリカ独立記念日)に彗星に接近し、370kgの銅・アルミ製の衝撃弾を撃ち込んで、生じるクレーターと放出されたダスト量を観測した。
　上の写真は、衝撃弾が衝突する直前に撮影した画像を前に記者会見するNASAジェット推進研究所のディープ・インパクトミッション・チームのリーダーたち。核の大きさは14km×4kmでマンハッタン島の半分ぐらいだ。衝突後に予想された増光はほとんど起こらず、テンペル第1彗星の表面は予想以上に固いことが判明した。
　なお、2011年2月にはヴィルト第2彗星を探査した〈スターダスト〉もこの彗星に接近している。

探査機〈ディープ・インパクト〉から撃ち込まれた衝撃弾が「テンペル第１彗星」に衝突！ その67秒後に〈ディープ・インパクト〉本体から撮影された写真

マックノート彗星
2007年 Comet McNaught
(C/2006 P1)

本体の核が分裂しはじめ内部から大量のチリが放出され、マックノート彗星は見事な尾をオーストラリア・パース近郊の夕空にたなびかせた（撮影・藤井旭）

2007年1月19日、チリ・サンチャゴの街にかかるマックノート彗星と月

　マックノート彗星 (C/2006 P1) は、2006年8月7日にオーストラリア、サイディング・スプリング天文台の天文学者ロバート・マックノートが発見した彗星で、1965年の池谷・関彗星以来、もっとも明るい彗星となった。
　北半球では近日点を通過した2007年1月13日まで観察することができたが、その後、南半球に移動し、1月14日には−6等級もの明るさに達した。マックノート彗星のみごとな尾は、太陽に熱せられコマから離れた氷やダストの粒子、すなわちダストテイルだ。

2007年1月24日、オーストラリア ニューサウスウェールズ州 ダッボー市の南西40kmにて

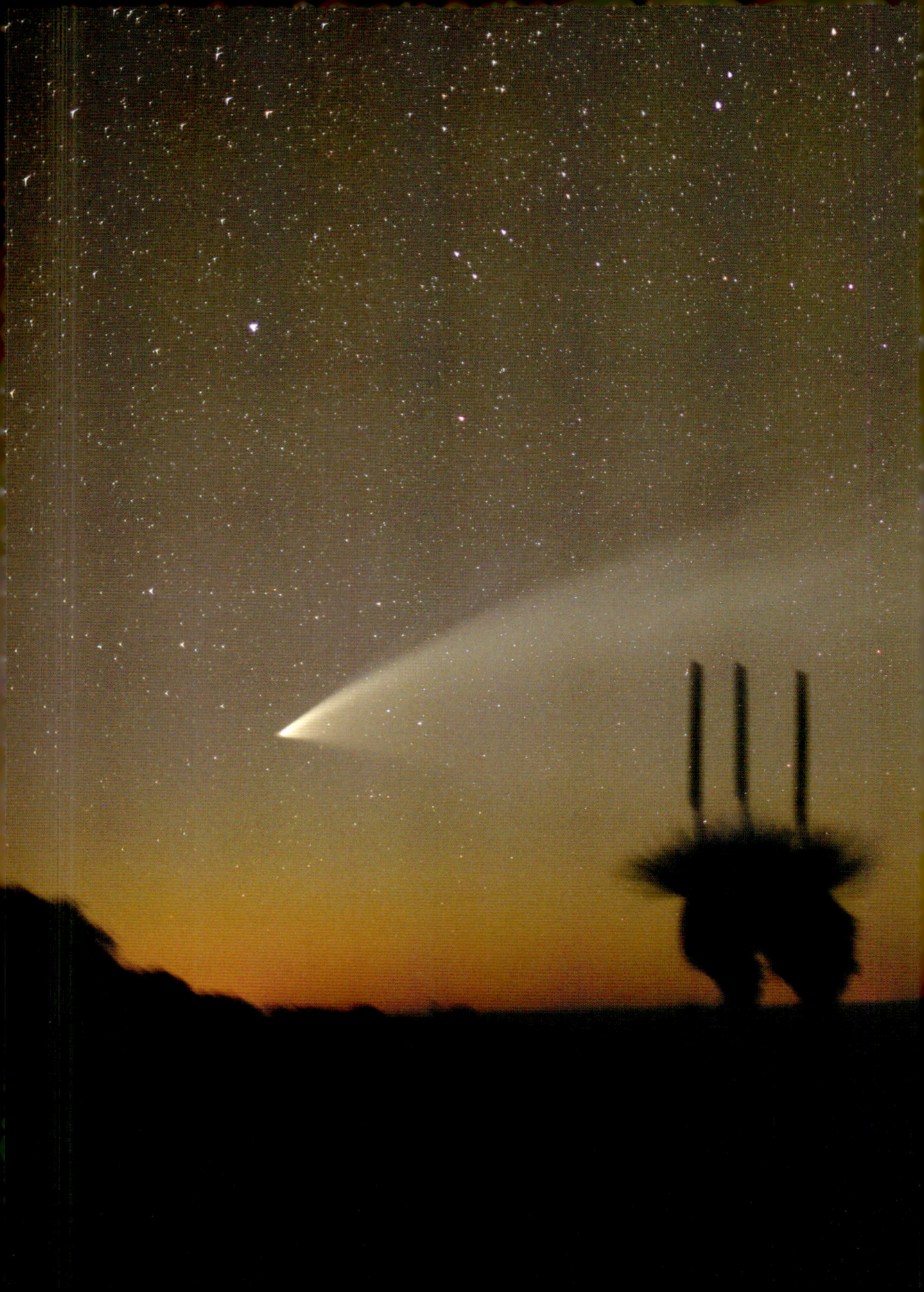

夜明け前のマックノート彗星　2007年1月30日、オーストラリア南東部ニューサウスウェールズ州にて

ホームズ彗星
2007年 Comet Holmes (17P/Holmes)

　ホームズ彗星は1892年に発見された短周期彗星の一つである。
　1906年の観測後、行方不明になっていたが、マースデンの詳細な軌道計算によって1964年に再発見されている。
　公転周期は6.88年で2007年5月4日に近日点を通過した。次回の近日点通過は2014年3月27日となる。

2007年11月1日から国立天文台（岡山）で捉えたホームズ彗星。8日頃、すばる星団の近くを通過

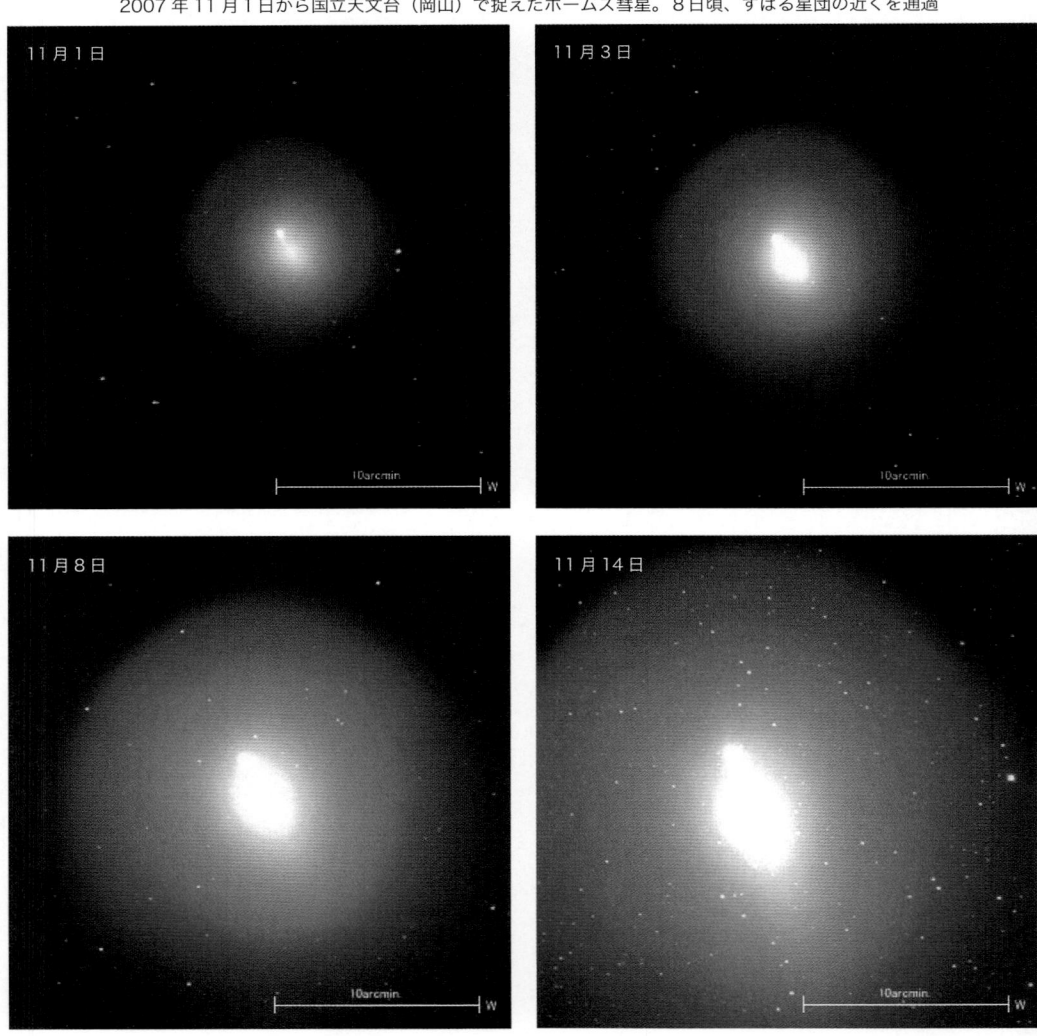

ホームズ彗星は2007年12月1日にペルセウス座のアルファ星ミルファクに近づいた。
　2007年10月24日頃、ホームズ彗星は17等から2等台にまで突然、増光して人びとを驚かせた。尾はほとんど見えず、ぼうっと拡散したコマの様子が肉眼で観察できた。この彗星は1892年に発見された時も同様のアウトバーストを起こしている。

マックノート彗星
2009年 Comet McNaught
(C/2009 R1)

マックノート彗星（C/2009 R1）のプラズマテイルの微細な構造の様子。国立天文台ハワイ観測所の口径8.2m「すばる望遠鏡」の主焦点カメラでテスト撮影。CCDカメラを10枚並べたモザイクカメラの隙間が格子状に見えている。
　この彗星の発見者ロバート・マックノートは、オーストラリア在住の天文学者で、110～115ページで紹介したC/2006 P1をはじめ数多くの彗星を発見している。

ハートレイ彗星
2010年 Comet Hartley
(103p/Hartley)

　ハートレイ彗星は1986年に発見された短周期彗星（ハートレイ第2彗星と呼ばれることもある）。公転周期は6.5年。画像は2010年9月17日にすばる望遠鏡の主焦点カメラで撮影されたもの。高速で移動する彗星に合わせて3色のバンドで連続撮影したため、通常の恒星は青・緑・赤の3色の並びとなって写っている。

　いっぽう、彗星探査機〈ディープ・インパクト〉は、2010年4月4日にハートレイ彗星に700kmまで近づき、画像に収めている。長径1.6kmのピーナツ状の核の一部からガスが勢いよく放出されている様子が分かる。

NASA

ファン・ネス彗星
2011年 Comet Van Ness
(213P/Van Ness)

　ファン・ネス彗星は公転周期6.3年の短周期彗星。2005年に13等の明るさになるバーストを起こして発見された。2011年の近日点通過においても、核が次々に分裂する様子が撮影された。

　上の写真は沖縄の石垣島・国立天文台の口径105cm「むりかぶし望遠鏡」で撮影された分裂の様子。矢印の先に親の核から剥がれた破片によってできた子供の彗星が写っている。

石垣島天文台と夏の天の川

ラヴジョイ彗星
2011年 Comet Lovejoy
(C/2011 W3)

オーストラリア南部、ヴィクトリア州ニーニントン半島で見られたラヴジョイ彗星と天の川（2011年12月23日撮影）。ラヴジョイ彗星はクロイツ群彗星の一つ。2011年12月16日、太陽にわずか0.00555 AU（83万km）まで接近し、その後、南半球で雄大な姿を見せた。北半球からは見られなかったため国内では話題になることがなかった

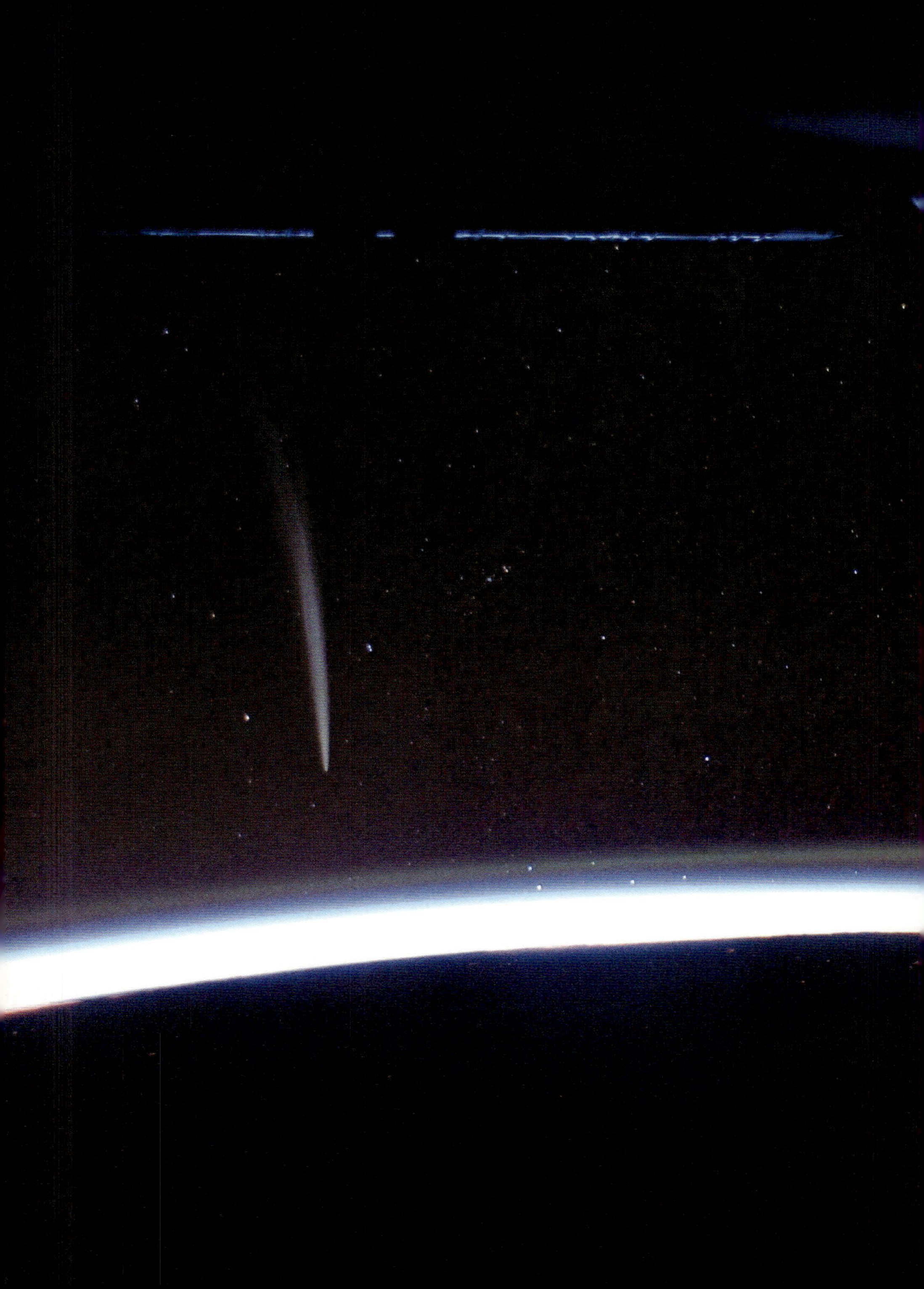

国際宇宙ステーション（ISS）の司令官ダン・バーバンクは、2011年12月21日水曜日、地上から400km上空のISS船内から、この壮大なラヴジョイ彗星の写真を撮影した。2晩前にこの彗星を見た彼は「宇宙空間でこれほど凄いものを見たことはないよ」とデトロイトからのTVインタビューに答えている。彼はISSから数百枚のラヴジョイ彗星画像を撮影した。

2011年12月22日、国際宇宙ステーションから撮影されたラヴジョイ彗星。今にも大気光にかかりそうだ

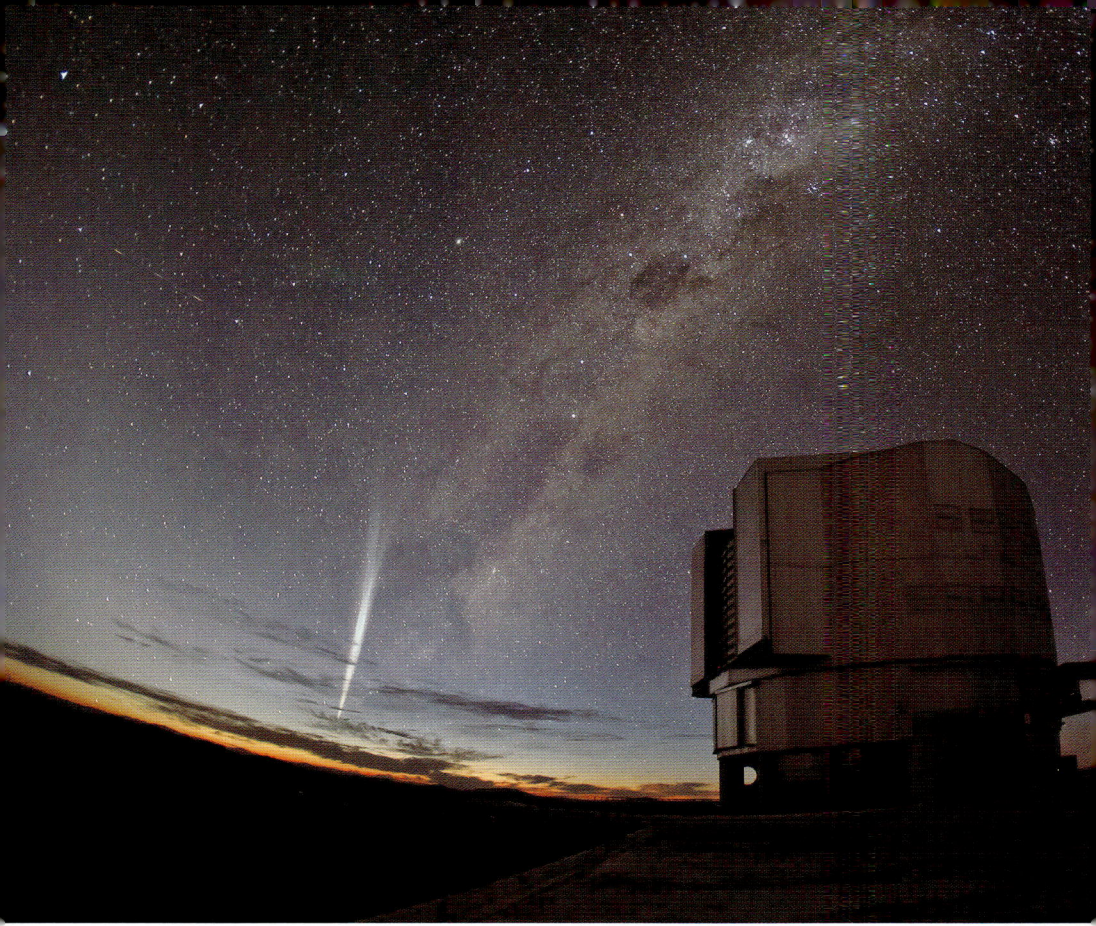

南米チリのパラナル天文台で撮影されたラヴジョイ彗星。折しも"クリスマス・コメット"となった

ラヴジョイ彗星は2011年12月16日に近日点を通過。その2日前の14日に〈STEREO〉が撮影

NASA

パンスターズ彗星
2013年 Comet Panstarrs
(C/2011 L4)

3月12日18時36分、千葉県君津市から東京湾越しに撮影。日暮れてまもなく輝きだしたパンスターズ彗星は双眼鏡で尾も見えたが、空が完全に暗くなる前に春霞の中に沈んでいった（撮影・加賀谷 穰）

iPadの天文シミュレーションソフトでパンスターズ彗星を探す人（ロサンゼルス近郊パサデナ）

　パンスターズ彗星は、2011年6月6日（世界時）に、米国ハワイ州・マウイ島のハレアカラに設置されたハワイ大学のパンスターズ1望遠鏡で発見された。パンスターズとは、小惑星や彗星などの地球接近天体を監視するための研究プロジェクト「パンスターズ（Pan-STARRS; The Panoramic Survey Telescope & Rapid Response System）」のことで、口径1.8 mの望遠鏡には、満月の40倍もの広範囲を撮影できる世界最大のデジタルカメラが搭載されている。パンスターズ彗星はこの望遠鏡で発見された2つ目の彗星だ。

　この彗星は当初、太陽に最接近時に－3等程度（金星ほど）の明るさになるのではと予想されたが、実際には0等級程度にとどまり、かつ日本からは3月中旬～4月前半の低空でしか観測できなかった。春の夕暮れの霞空のもとで、西から北西の低空のため、肉眼では見にくかったようだ。しかし、条件の良い夕暮れには日本各地で双眼鏡や望遠鏡で観測され、尾を引く姿が数多く撮影された。

　2013年3月10日、太陽に最も近づいた近日点通過時には、太陽からの距離（近日点距離）は約0.30天文単位（4500万 km）、地球からの距離は約1.11天文単位（1億6600万 km）で、この前後には太陽を常時観測している人工衛星から発達した尾の様子が撮影されている。

　また、初めて太陽に近づく彗星の特徴としてダストの放出量が多かったため、ダストの尾の中にシンクロニックバンドといって、同じ時刻に放出されたダストが濃く並ぶ模様がはっきりと見られた。さらにイオンの尾、ダストの尾に続く第3の尾として注目されるナトリウムによる尾も確認された。

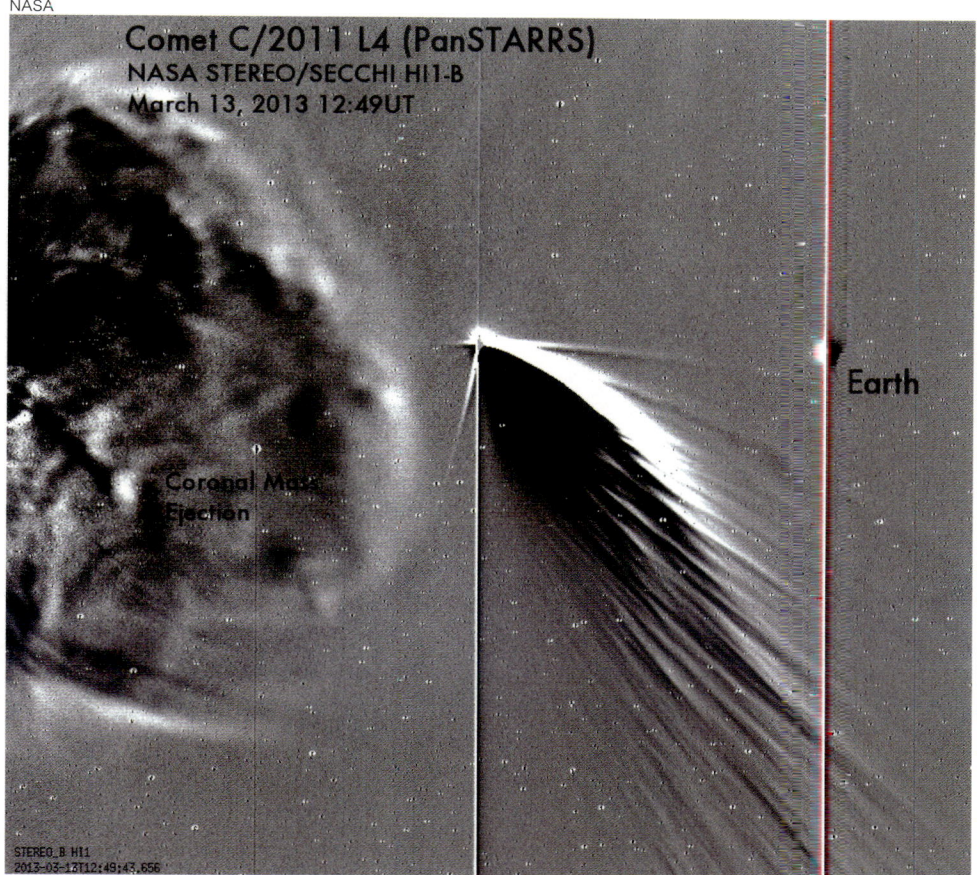

2013年3月13日、太陽観測衛星STEREOが撮影した太陽とパンスターズ彗星と地球

　NASAの太陽観測衛星〈ステレオ（STEREO）〉はその名の通り、地球の前後の位置で地球軌道上を周回しながら、太陽を監視する2つの探査機だ。そのうちの1機が3月13日に太陽からの大規模なコロナ質量放出（CME）現象と、近日点通過3日後のパンスターズ彗星、さらに地球の姿をとらえた。この画像で太陽は左のフレーム外にある。太陽のコロナから太陽風が激しく吹き出す様が画面の左手に見てとれる。

　太陽・彗星、地球間の立体的な位置関係はこの画像のみでは分からないが、このとき彗星は太陽と地球に比べて、より〈ステレオ〉に近い位置にいるので鮮明な尾の構造を写し出すのに成功している。〈ステレオ〉に搭載された特殊カメラ「SECCHI」で撮影したこの画像は、明るすぎる彗星のコマと地球では光子がこぼれだし、縦の線（ブルーミング）となっている。注目すべきは、彗星のダストテイ中に見られる無数の筋、シンクロニック・バンドである。これほど詳細にその構造を写し出した画像はほかに例がない。太陽に彗星が近づく時期、地上からの観測では、彗星は地平線に近いところにしか現れず、地球の厚い大気層によって彗星像はかなり減光してしまうからだ。

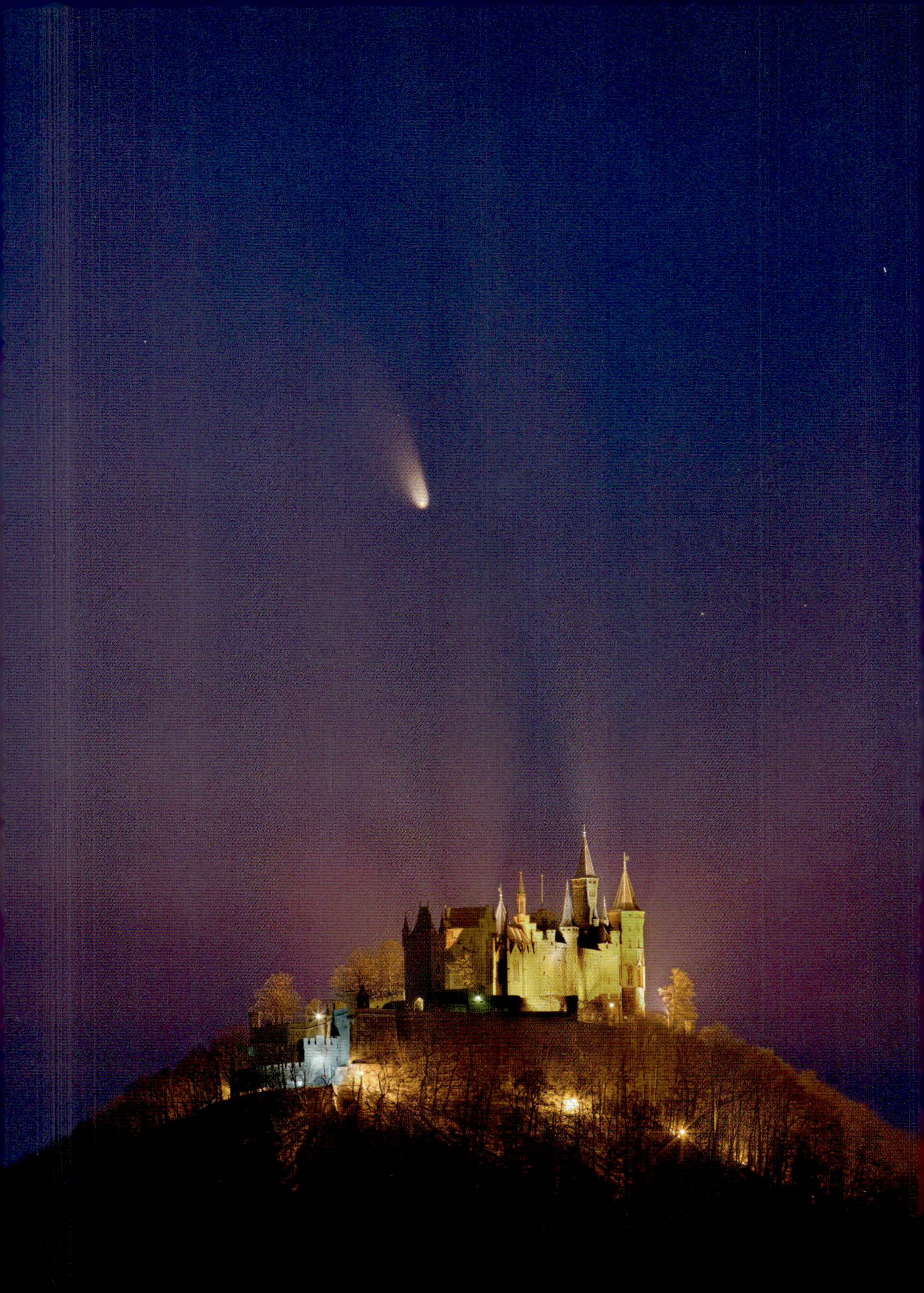

ヨーロッパの3人のカメラマンが捉えたパンスターズ彗星

★ホーエンツォレルン城とパンスターズ彗星（左の写真）

撮影者：シュテファン・サイプ（Stefan Seip）
撮影日＆場所：2013年3月15日、ドイツ南部のホーエンツォレルン城にて

撮影者コメント：この時期には、パンスターズ彗星（C/2011 L4）の広がったダストテイルは、北半球の多くの彗星観測者にとっては見慣れた光景となりました。彗星そのものは太陽から離れ徐々に暗くなる時期でしたが、日没後の西の空で観測するには十分な高度にまで達するようになったからです。

　このお城の名はホーエンツォレルン城。シュトゥットガルト市から南へ80kmのところにある美しい名城です。まさにこの場所から彗星を観察して、ファンタジックな気分に浸ったものです。

　太陽から押し流され、ダストの尾が上空に向かってややカーブして伸びているのですが、それはまるで、ライトアップされた丘の上のお城から照らされているかのようでした。この写真のタイトルは「彗星の城（Comet Castle）」と名付けてはどうでしょう。この日、特別によく晴れた3月15日の夕刻、超望遠レンズを用いて撮影しました。

★パンスターズ彗星のシンクロニック・バンド（次ページ）

撮影者：ロレンツォ・コモッリ（Lorenzo Comolli）
撮影日＆場所：2013年3月21日、イタリアのポーバレー（標高300m）にて

撮影者コメント：撮影を開始したときには、こんなに素晴らしい扇型のダストテイルが見られるとは思ってもいませんでした。扇型に広がったダストテイルの中に、はっきりとシンクロニック・バンド（同じ時刻に彗星核から放出された塵粒が放射状に線を描いて見える現象）が写っていたのです（p134）。

　ラーソン・セカニナ・フィルターという彗星の尾を際立たせる画像処理法を用いることで、右の図（p135）のようにシンクロニック・バンドがさらにはっきりと見えるようになりました。同図には、シンクロニック・バンドを解析するためのシンクロン（等時曲線：破線、近日点通過日をゼロとしその前後の放出日［±日］で示す）、シンダイン（等サイズ曲線：実線、核から放出されたダストのサイズ［μm］）の2つの理論曲線を書き入れました。

★去りゆくパンスターズ彗星とアンドロメダ銀河（p136）

撮影者：パーヴェル・スミルィク（Pavel Smilyk）
撮影日＆場所：2013年3月30日、ロシアのスイクトゥイフカル市近郊にて

撮影者コメント：ロシアはこの日とても寒かったのですが、穏やかな夜だったので、パンスターズ彗星をいいアングルで撮るのに支障はありませんでした。ごらんのように素晴らしい彗星です！ 3か月前からこのアングルでの撮影を計画していました。うまく撮れてうれしい。この夜空が大好きです。

©Lorenzo Comolli

Days from perihelion (March 10, 2013)
Particle dimensions [μm]
Synchronic bands
Dust tail
Syndyne
Sodium tail
50
20
10
5
2
1
100
200
6
7

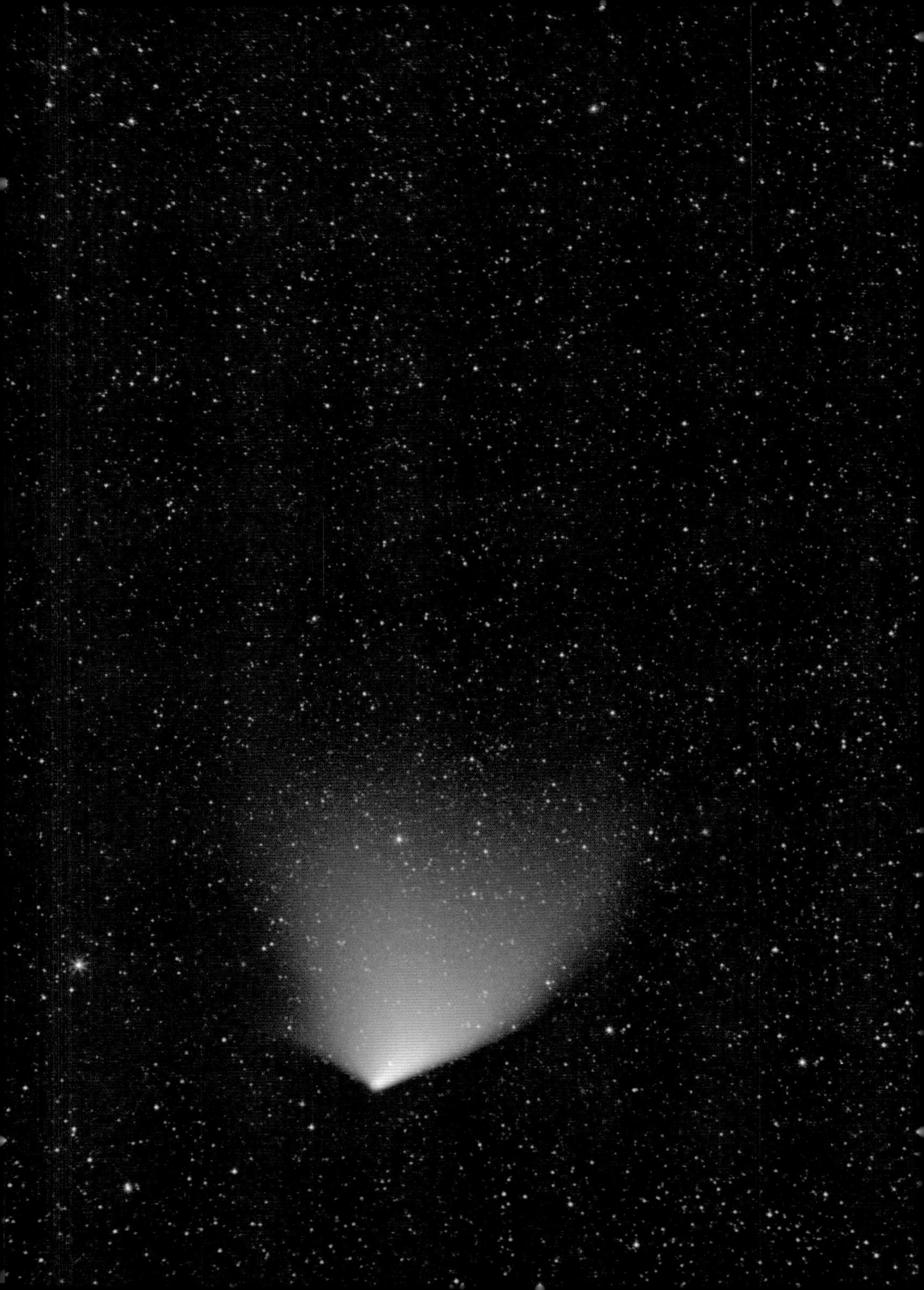

©Pavel Smilyk

アイソン彗星
2013年 Comet ISON (C/2012 S1)

2013年11月29日に太陽に最も近づくアイソン彗星。かつて誰も見たことがないような大彗星になるのではともいわれている。アイソン彗星は、近日点距離が約0.012天文単位（180万km）と太陽に極めて接近する。

太陽の直径は139万kmだから、まさに太陽をかすめるように移動していくため、急激に明るくなる可能性があるが、途中で核が分裂してしまうケースも想定される。

近日点通過の頃は太陽に近すぎるため、地球からの観測は難しいが、その前後——近日点通過後の数日間は明るくなった彗星の姿と発達した尾の様子を肉眼で観察できるかもしれない。

2013年1月31日、石垣島天文台でとらえたアイソン彗星

惑星と主な彗星の軌道

短周期彗星であるエンケ彗星（周期3.3年）やハレー彗星（周期75.3年）に対し、パンスターズ彗星やアイソン彗星は極めて細長い軌道を示している

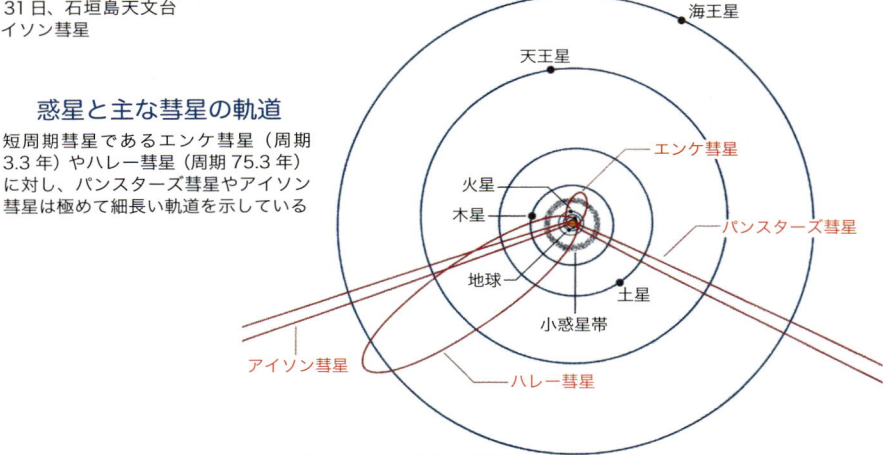

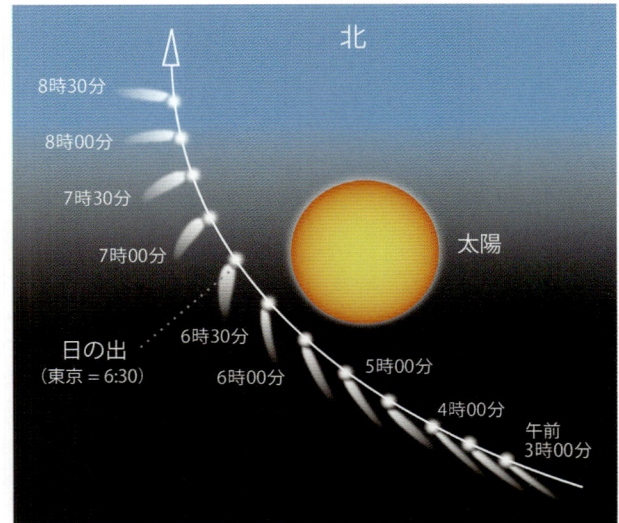

2013年11月29日のアイソン彗星の動き

日の出前に太陽の表面をかすめるように移動していく。日の出後は日食グラスを用いることで太陽とアイソン彗星の姿を捉えることができるかもしれない（太陽を肉眼や望遠鏡で直視しないように注意）

2013年11月18日〜12月11日のアイソン彗星の動き

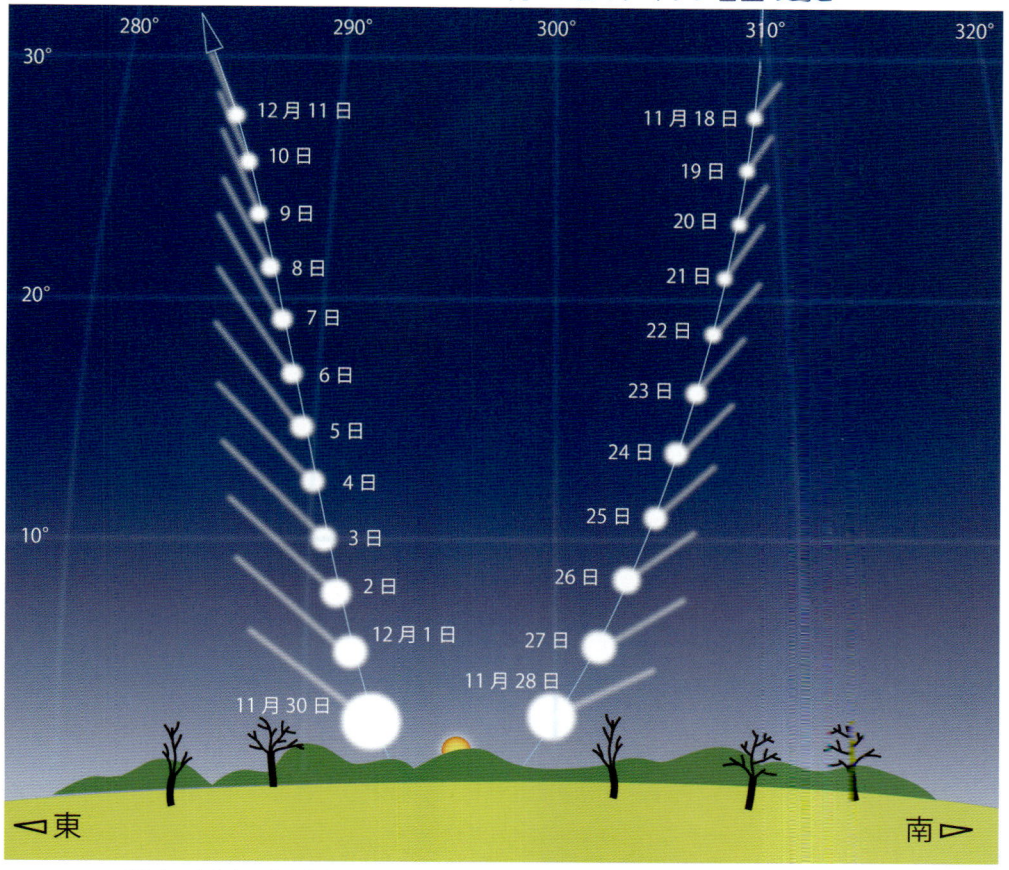

明け方、東南東の空を移動していく。この時期、明け方の東の低空にはアイソン彗星のほか、土星、水星、エンケ彗星が集合している。天文雑誌やインターネットで直前情報を集めよう。

　彗星は惑星や星座を形作る恒星のような「星」と違って、淡くボゥとした天体だ。空の暗いところで肉眼でアンドロメダ銀河（M31）やプレセペ星団（M44)、h＆χ星団などを見たことがある人は、それらと彗星は見え方が似ていることに気づかれるであろう。なるべく空の暗いところで月明かりや地上の光を避けて探してみよう。
　一般的に、彗星を見つけるには低倍率の双眼鏡がもっとも便利だ。暗いところでしっかり目を慣らしたら、少し目的の方向から目をそらしてわき目で見るようにすると見えやすくなる。望遠鏡で倍率を上げて観察するより、低倍率でじっくり尾が見えないかチャレンジしてみよう。

あとがき

　彗星との出会いは一期一会。人類の長い文明史においても、読者のみなさん一人一人の人生においても、とある一枚の彗星の写真またはイラストから脳内に拡がる想いや当時の思い出は、彗星本体が放ったガスやダスト以上に輝きを増すものなのかもしれません。

　私自身も、子どもの頃、ウェスト彗星やジャコビニ流星群のニュースに触れることがなければ、天文学の道に進もうとは思わなかったかもしれません。また、1986年のハレー彗星回帰は青春の思い出そのものです。本書では触れられなかったたくさんの彗星との思い出があります。読者のみなさんにとっても、今後も自身と彗星たちとの間の新たな出会いが重なり、個々の彗星が人生のマイルストーンとして記憶されていくことでしょう。

　いっぽう、科学の発達によって、彗星そのものと地球や生命とのかかわりについても注目が集まっています。地球の広大な海は、太陽系形成の初期に彗星が地球にもたらしたという説があります。

　また、NASAが1999年に打ち上げた彗星探査衛星〈スターダスト〉は、ヴィルト第2彗星に接近して彗星の塵粒を捕え、2006年に持ち帰りました。その塵を分析したところ、グリシンというアミノ酸が見つかっています。生命のもとになるアミノ酸も、彗星が地球に運んできたのでしょうか？

　さらには、生命そのものを彗星が運んできたのでは？と提唱する人さえいるのです。今後、探査機による直接観測や、地上からの粘りづよい観測によって、未知なる宇宙の事象が一つ一つ明らかにされていくことでしょう。

　本書が、読者のみなさんにとって、たんに彗星と人間のドラマというにとどまらず、新たな彗星との出会いへのナビゲーターとなり、そして宇宙への好奇心の扉となることを願ってやみません。

縣 秀彦

ハワイ島マウナケア山頂。右端が「すばる望遠鏡」(2013年5月)

【写真提供】
国立天文台：ハワイ観測所 p118、p120上／石垣島天文台 p9右、p71、p121、p138／
乗鞍コロナ観測所 p67下／岡山天体物理観測所 p116
NASA：p86、p87、p106、p108、p109、p126、p127下、p131
ESA：p83下／ESO：p127上
藤井 旭：p72、p73、p110／小関高明：p90、p91／加賀谷 穣：p130

海外フォトエージェント：アフロ（Photo Coordinate：Kazuo Kitami、Kazuki Maeta）
Science Photo Library p17、p44、p50、p53、p58、p59、p62、p64、p74、
p75、p76、p77、p78、p80、p81、p84、p85、p98、p102、p105、p114、p122
Universal Images Group p18
The Bridgeman Art Library p21、p22、p25、p26上、p30、p46、p49、p97
Mary Evans Picture Library p23、p26下、p32上、p32下、p34、p43、p45、
p56、p60、p61
Heritage Image p27、p33、p48
Science & Society Picture Library p28、p38
Galaxy Picture Library p83、p100、p109、p112、p113、p117
AP p94、p99／ZUMA Press p104、p124／ロイター p108、p130

【図版】
国立天文台 天文情報センター p10、p11、p12、p138
Andrew Dewar p13p、p138、p139

彗星探検
すいせいたんけん

著　者　　縣 秀彦
　　　　　あがたひでひこ
編　集　　浜崎慶治

発行所　　株式会社 二見書房
　　　　　東京都千代田区三崎町2-18-11
　　　　　電話03(3515)2311 営業
　　　　　　　03(3515)2313 編集
　　　　　振替00170-4-2639

印刷／製本　図書印刷株式会社

落丁・乱丁本はお取り替えいたします。定価は、カバーに表示してあります。
©Hidehiko Agata 2013, Printed in Japan. ISBN978-4-576-13116-0
http://www.futami.co.jp